Food

普通高等教育本科"十二五"规划教材

A Series of Food Science & Technogy Textbooks
食品科技系列

U0284224

食品微生物学实验

刘素纯　吕嘉枥　蒋立文　主编

化学工业出版社

·北京·

本书是配合食品类专业开设"基础微生物学"、"食品微生物学"、"食品微生物卫生检验"及"酿造食品加工学"课程等基础上，总结以往实验课的内容、教学效果及相关实验指导编写的较为系统、连贯、实践性强的实验课程教材，力争成为今后教学改革形成课程群的理想教材。

　　全书分为微生物学实验准备及检验要求、食品微生物学基础实验实用技术、食品微生物学检验实验技术、食品微生物学应用实验技术以及附录，比较系统地介绍了：微生物的染色制片技术，微生物的观察，微生物的接种培养技术，微生物的数量测定及生理代谢试验，微生物菌种分离、诱变育种及菌种保藏技术，微生物卫生检验以及酿造食品微生物学技术等；主要是通过微生物学实验让学生验证理论，巩固与加深所学的知识，掌握基本的实验技能，培养学生理论联系实际、独立思考问题和解决问题的能力。每个实验相对独立，各院校根据具体情况选择实验内容。

　　本书可作为高等院校食品科学与工程专业、食品质量与安全专业和食品生物工程专业的主干课教材，也可供食品、环保、卫生等领域从事微生物教学和科研工作者参考。

图书在版编目（CIP）数据

食品微生物学实验/刘素纯，吕嘉枥，蒋立文主编．—北京：化学工业出版社，2013.4（2024.1重印）
普通高等教育"十二五"规划教材
ISBN 978-7-122-16646-3

Ⅰ．①食…　Ⅱ．①刘…②吕…③蒋…　Ⅲ．①食品微生物-微生物学-高等学校-教材②食品微生物-实验-高等学校-教材　Ⅳ．①TS201.3

中国版本图书馆 CIP 数据核字（2013）第 042510 号

责任编辑：赵玉清　朱　理　　　　　　　文字编辑：向　东
责任校对：宋　夏　　　　　　　　　　　装帧设计：尹琳琳

出版发行：化学工业出版社（北京市东城区青年湖南街 13 号　邮政编码 100011）
印　　刷：北京云浩印刷有限责任公司
装　　订：三河市振勇印装有限公司
787mm×1092mm　1/16　印张 11　字数 267 千字　2024 年 1 月北京第 1 版第 10 次印刷

购书咨询：010-64518888　　　　　　　售后服务：010-64518899
网　　址：http://www.cip.com.cn
凡购买本书，如有缺损质量问题，本社销售中心负责调换。

定　　价：34.00 元

本书编写人员名单

主　编　刘素纯　湖南农业大学

　　　　吕嘉枥　陕西科技大学

　　　　蒋立文　湖南农业大学

副主编　钟青萍　华南农业大学

　　　　张香美　河北经贸大学

　　　　周　康　四川农业大学

　　　　张继红　湖南省食品质量监督检验研究院

参　编　周红丽　湖南农业大学

　　　　旭日花　内蒙古农业大学

　　　　周　辉　湖南农业大学

　　　　武　运　新疆农业大学

　　　　王　静　新疆农业大学

　　　　高　蕾　新疆农业大学

　　　　曹广丽　哈尔滨工业大学

　　　　肖作为　湖南中医药大学

主　审　贺稚非　西南大学

　　　　邓芳席　湖南农业大学

前　言

　　食品微生物学实验是食品科学中一门重要的专业课，也是一门实践性很强的操作技术课，它与食品生产、贮存、运输、销售、保鲜及食品安全质量评价密切相关。设置该课程的目的是使学生了解食品微生物学实验的基本理论，弄清基本概念，掌握基本操作技能，研究微生物与食品问题。以便充分利用有益微生物活动，控制有害微生物活动，提高食品安全质量，保障人民身体健康。

　　本书共分四个部分，包括42个实验。第一部分为微生物学实验准备及检验要求，由刘素纯编写，第二部分是食品微生物学基础实验实用技术，由吕嘉枥、刘素纯、钟青萍、旭日花、曹广丽负责编写，第三部分是食品微生物学检验实验技术，由周康、周红丽、周辉、张继红、肖作为负责编写，第四部分是食品微生物学应用实验技术，由刘素纯、蒋立文、张香美、武运、高蕾、王静负责编写，附录和参考文献由刘素纯整理。全书的整理、绘图、统编、定稿由刘素纯负责。西南大学贺稚非教授担任主审，湖南农业大学邓芳席教授担任副主审。每个实验内容基本上都按：目的要求、基本原理、器具材料、操作步骤、作业与思考题五个部分来编写的。各实验所用染色液、试剂、培养基等的配制均列在附录内。每个实验都是相对独立，各院校使用可根据具体情况开设实验内容。

　　本书在编写过程中得到了各编委所在单位和领导的支持，谨在此表示衷心的感谢。

　　本书难免存在不妥之处，敬请读者谅解并给予指正。

编者

2013年1月

目　录

第一部分
微生物学实验准备及检验要求

一、微生物实验准备

(一)无菌室的准备

在微生物实验中,菌种的移植、接种和分离工作等,都要排除杂菌的污染,才能获得符合要求的微生物纯培养体。为此,除严格按照无菌操作技术进行外,尚需要有一个无杂菌污染的工作环境。通常,学生实验课时可在酒精灯旁进行无菌接种;小规模的操作可以使用无菌箱(接种箱)或超净工作台;工作量大的使用无菌室(接种室);要求严格的可在无菌室内再结合使用超净工作台。

1. 无菌室的设置

无菌室的设置可因地而宜,但应具备以下基本条件。

(1)工作室应矮小、平整,面积只需 4m² 左右,高 2.2~2.3m,内部装修应平整、光滑,无凹凸不平或棱角等,四壁及屋顶应用不透水之材质,便于擦洗及杀菌,工作台面应平整、抗热、抗腐蚀便于洗刷。

(2)室内采光面积大,从室外应能看到室内情况。

(3)为保证无菌室的洁净,无菌室周围需设缓冲走廊,走廊旁再设缓冲间,其面积可小于无菌室。在向外一侧的玻璃上,安装一个双层的小型玻璃橱窗,便于内外传递物品,减少人员进出无菌室的次数。

(4)无菌室、缓冲走廊及缓冲间均设有日光灯及供消毒空气用紫外灯,杀菌紫外灯离工作台以 1m 为宜,其电源开关均应设在室外。

(5)无菌室与缓冲间进出口应设拉门,门与窗平齐,门缝要封紧,两门应错开,以免空气对流造成污染。

2. 无菌室内的设施

(1)无菌室的里外两间均应安装照明灯和紫外线杀菌灯,吊装在经常工作位置的上方,离地高度 2~2.2m。

(2)缓冲间内应放置隔离用的工作服、鞋、帽、口罩、消毒用药物、手持式喷雾器、废物桶等。无菌室应有接种用的常用器具,如酒精灯、接种环、接种针、不锈钢刀、剪刀、镊子、酒精棉球、铅笔等。

3. 无菌室的杀菌

(1)紫外线灯照射 在每次工作前后均应打开紫外线灯,分别照射 30min 进行杀菌。忌在紫外线灯开着的情况下进入室内,更不能在开着的紫外线灯下工作。

(2)熏蒸 先将室内打扫干净,打开气孔和排气窗通风干燥后,重新关闭好再进行熏蒸杀菌。常用的熏蒸药剂为福尔马林(含 37%~40%甲醛的水溶液)。按 6~10mL/m³ 的用量盛于铁制容器中，加半量高锰酸钾，通过氧化作用加热使福尔马林蒸发。熏蒸后应保持密闭12h以上，最好是隔夜。甲醛气体未散尽而要使用无菌室时，则在使用无菌室前1~2h，按所用甲醛溶液量量取氨水，倒入搪瓷盘内，放入无菌室，使其挥发中和甲醛气体的刺激作用。除甲醛外也可用乳酸、硫黄等进行熏蒸杀菌。

（3）石炭酸液喷雾　在进接种室操作前，用手持喷雾器喷5％石炭酸溶液，主要喷于台面和地面，以防空气微尘飞扬。

4. 无菌室空气污染情况的检验

为了检验无菌室内的无菌程度，应定期检查室内空气无菌状况，细菌和霉菌数应控制在10个以下，发现不符合要求时，应立即彻底消毒灭菌。无菌室无菌程度的测定方法：取营养琼脂平板、改良马丁培养基平板各3个（平板直径均为9cm），置无菌室各工作位置上，开盖曝露30min，然后倒置进行培养，测细菌总数应置37℃恒温箱培养48h；测霉菌数则应置28℃恒温箱培养5d。细菌和霉菌总数均不得超过10个。根据检验结果采取措施。无菌室杀菌后使用前检验的结果应是无菌生长。如有霉菌生长则表明室内湿度过大，应通风干燥后再灭菌；如有细菌生长为主时可采用乳酸熏蒸，效果较好。

5. 无菌室的操作规则

（1）将所用的材料、用品先全部放入无菌室内，以避免在操作过程中进出无菌室或传递物品（如同时放入了培养基则需用牛皮纸遮盖），使用前打开紫外线灯，照射30min后，关闭紫外线灯，过一会儿才能使用。

（2）进入缓冲间即无菌室前，必须于缓冲间更换消毒过的工作服、工作帽及工作鞋，用2％新洁尔灭（或煤酚皂液）将手浸洗1~2min后，再进入工作间。

（3）操作前再用酒精棉球擦手，然后严格按无菌操作进行工作。

（4）接种环、接种针等金属器材使用前后均需灼烧，灼烧时先通过内焰，使残物烘干后再灼烧灭菌，再在近火焰区进行。使用吸管时，切勿用嘴直接吸、吹吸管，而必须用吸管吸球和刻度吸管吸球操作（图1-1）。

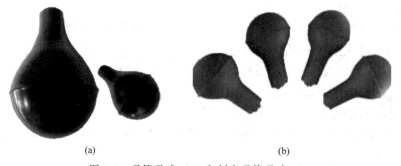

(a)　　　　　　　　　　　(b)

图1-1　吸管吸球（a）和刻度吸管吸球（b）

（5）工作后应将台面收拾干净，废物丢入废物桶内，取出培养物品及废物桶，用5％石炭酸喷雾，再打开紫外线灯照30min，以保持无菌室的无菌状态。

（二）玻璃器皿的准备

微生物学实验常用的玻璃器皿，主要有试管、吸管、培养皿、锥形瓶、载玻片、盖玻片等，都需要经过清洗，达到无灰尘、无油垢和无机盐离子等杂质后，才能保证获得正确的实验结果，有的器皿还需经包装、灭菌后方能使用。

1. 洗涤剂的种类及应用

（1）水 水是最重要的洗涤剂，但只能洗去可溶解于水的沾污物。油、蜡等不溶于水的沾污物则必须用其他方法处理后，再用水洗。对于要求无杂质颗粒或无机盐离子的玻璃器皿，在用清水洗过后，应再用蒸馏水进行漂洗。

（2）肥皂 肥皂是常用的很好的去污剂。有油污的器皿，通常用湿刷子涂抹一些肥皂后，刷洗器皿，再用水清洗。5％热肥皂水的去油污能力很强。

（3）洗衣粉 洗衣粉有很强的去污、去油能力。用1％的洗衣粉溶液洗涤玻璃器皿，特别是洗涤带油的载玻片和盖玻片，如果加热煮沸，则有很好的清洁效果。

（4）去污粉 主要作用是摩擦去污，也有一定的去油污作用。用时先将器皿湿润，再用湿布或湿刷子沾上去污粉擦拭去污垢，然后用清水洗掉去污粉。

（5）铬酸洗液 称取92g二水重铬酸钠溶于460mL水中，然后注入800mL硫酸。另一个配方是把1L硫酸注入35mL饱和重铬酸钾溶液中。重铬酸钾（或重铬酸钠）的硫酸溶液，是一种去污能力很强的强氧化剂，常用于玻璃或搪瓷器皿上污垢或有机物的清洗，但不能用于金属器皿。配好的洗涤液可多次使用，每次用完后倒回原瓶中保存，当洗液使用至变绿色后，就失去洗涤能力。使用铬酸洗液时，被洗涤的器皿带水量应少，最好是干的，以免洗液被稀释而降低效率。将洗涤液加热至40～50℃后使用，可以加快作用速度，也可以用重铬酸钾代替重铬酸钠，但前者的溶解度较低。用铬酸洗液洗涤后的容器要用清水充分冲洗，以除去可能存在的铬离子。当器皿上带有大量有机物时，应先将器皿上的有机物尽量清除后，再用洗涤液洗涤，否则洗涤液很快失效。

洗涤液有强腐蚀性，溅在桌椅上，应立即用水水洗并用湿布擦拭，皮肤及衣服上沾有洗涤液时，应立即用水冲洗，然后用苏打（碳酸钠）水或氨液洗去洗涤液。

（6）浓硫酸与强碱液 器皿上如沾有煤膏、焦油及树脂类物质，可用浓硫酸或40％氢氧化钠溶液浸洗，处理所需时间随所沾物质的性质而定，一般只需5～10min，有的需数小时。

（7）硫酸及发烟硝酸混合物 适用于特别油污、肮脏的玻璃器皿。

（8）氢氧化钠（钾）乙醇溶液 把约1L 95％的乙醇加到含120g氢氧化钠（钾）的120mL水溶液中，就成为一种去污力很强的洗涤剂，玻璃磨口长期暴露在这种洗液中易被损坏。

（9）有机溶剂 有时洗涤浓重的油脂物质及其他不溶于水也不溶于酸或碱的物质，需要用特定的有机溶剂。常用有机溶剂有汽油、丙酮、酒精、苯、二甲苯及松节油等，可根据具体情况选用。

（10）高锰酸钾的碱性溶液 少量高锰酸钾溶于100～200g/L的氢氧化钠溶液中。适于洗涤带油污的玻璃器皿，但余留的二氧化锰沉淀物需用盐酸或盐酸加过氧化氢洗去。

（11）磷酸三钠溶液 将57g磷酸三钠、28g油酸钠（别名十八烯酸钠）溶于470mL水中，为除去玻璃器皿上的碳质残渣，可将器皿在此溶液里浸泡几分钟，然后用刷子除去残渣。100～150g/L的氢氧化钠（钾）溶液也有同样作用。

（12）10g/L乙二胺四乙酸（EDTA）的20g/L氢氧化钠溶液 用此溶液浸泡洗净的玻璃器皿，能除去容器表面吸附的一些微量金属离子。

（13）盐酸乙醇溶液 1份盐酸和2份乙醇的混合物，用以洗涤有机试剂染色的器皿。

2. 常用玻璃器皿的洗涤方法

洗涤玻璃器皿日常最方便的方法是用肥皂、洗涤剂等以毛刷进行清洗，然后依次用自来水、蒸馏水淋洗。清洗干净后的玻璃器皿表面，再用蒸馏水淋洗时应器皿内壁的水均匀扩展成一薄层而不现水珠，即为洗涤干净；如果是挂上一个个的小水珠，则表面未清洗干净。对于不便用毛刷清洗或清洗不干净的器皿，可配制上述清洗液进行化学清洗。对分析某些痕量金属所使用的器皿，洗涤后还需要在一定浓度的盐酸、硝酸溶液或含络合剂的溶液中浸泡相当时间，除去表面吸附的金属离子，然后再用蒸馏水淋洗干净。聚乙烯、聚氯乙烯、聚四氟乙烯器皿也可用同样的方式清洗，但要注意塑料制品受热易变形、易被硬物划伤及对许多有机溶剂敏感的特点。目前所有玻璃器皿均可以采用超声波清洗机来清洗，同时洗涤剂除酸性外均可以放入超声波洗涤槽中一起使用，提高洗涤效果。

（1）新玻璃器皿的洗涤　新购置的玻璃器皿含有游离碱，应用2％盐酸溶液浸泡数小时后，再用水冲洗干净。

（2）用过的玻璃器皿的洗涤　盛过培养基的玻璃器皿，应先将培养物倒入或刮入废物缸中，另行处理。如对人、畜、植物有致病作用的培养物需经煮沸灭菌后再倒去及洗涤。如果器皿内的培养基已经干涸，可将器皿放在水中浸泡数小时或煮沸，将干涸物倒出后再行洗涤。洗涤时可用试管刷或瓶刷，蘸去污粉擦去洗不脱的污垢，或用洗衣粉或肥皂擦洗油脂，最后再用流动的清水清洗干净。经这样洗涤过的器皿，可用来盛培养基和无菌水等。如盛化学药剂（试剂）或用于较精确的实验，则在用自来水冲洗之后，还要用蒸馏水淋洗3～4次，烘干备用。

（3）吸管的洗涤　吸取过一般液体的吸管，用后浸没在盛有清水的容器内，切勿使管内物干燥以免增加洗涤的麻烦。吸过菌液的吸管，应先浸入5％石炭酸溶液内，经5min以上灭菌后，再浸入清水中；吸过有油脂液体的吸管，应先浸入10％氢氧化钠溶液中，浸1h以上，再进行清洗，如仍有油脂，则需浸入洗涤液内，浸泡1h以后再洗涤。无菌操作所用的吸管，应先用钢针将棉塞取出后再洗涤。吸管洗涤后可倒立于垫有干净纱布的容器中，待水滤干后再用，如急用可放电烤箱内60～70℃烤干备用。

（4）载玻片及盖玻片的洗涤　新载玻片和盖玻片，应先在2％的盐酸溶液中浸泡1h，后用自来水冲洗，再用蒸馏水洗2～3次，也可用1％的洗衣粉液洗涤。用洗衣粉洗涤时应先将洗衣粉液煮沸，后将玻片散开放入煮沸液中，持续煮沸10～15min（勿使玻片露出液面以防钙化变质）。冷却后用自来水冲洗，再用蒸馏水淋洗2～3次。如用洗衣粉液洗涤新玻片时则只能在煮沸的洗衣粉中保持1min，待泡沫平下后再煮沸1min，如此反复2～3次（煮沸时间过长，会使玻片钙化、易碎），冷却后再用自来水冲洗，蒸馏水淋洗。

用过的玻片，洗涤方法同上，但应先擦去表面油垢后再用洗衣粉液煮，煮沸的时间以30min为好，其余处理同上法。洗涤后的载、盖玻片，可以烘干或晒干后放在干净的容器内或用干净纱布包好备用。

3. 玻璃器皿灭菌的包装

在微生物学工作中需要无菌的玻璃器皿，如无菌吸管、无菌培养皿等。这些玻璃器皿在灭菌之前需要进行隔离包装，常用的包装方法如下。

（1）培养皿的包装　洗净干燥后的培养皿，可放在特制的金属容器中灭菌，或可按6～10套培养皿为一组，用旧报纸卷起来，将两端封严，再进行灭菌。

（2）吸管的包装　无菌操作用的吸管经洗净干燥后，首先在吸管上端的管口内塞棉花，作为隔离及过滤杂菌之用。棉花柱长度不少于1cm，一般用脱脂棉为宜，用量根据吸管口径大小而定，以塞得不紧不松为宜，棉花不能弄湿，以免影响空气的流通和滤菌效果。塞好棉塞后用纸条卷起包好（见图 1-2），先将牛皮纸裁成 5cm 宽的长纸条，再从吸管尖端开始封住后卷起，卷至吸管上端约 3～4cm 处即可，留一小段露在纸卷外，可用糨糊将纸粘住。注意不要卷得太紧，以免使用时不易抽出；也可将吸管顶端完全包住，再将纸卷末端折回固定。也可用金属制成的专用圆筒，将塞好棉花柱的吸管成批放入，吸管上端向外，盖好筒盖，经灭菌后随时抽用，较方便。

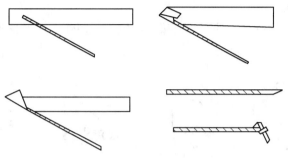

图 1-2　吸管的包装方法和步骤

4. 玻璃器皿干热灭菌

通过使用干燥热空气去杀灭微生物的方法称为干热灭菌。玻璃器具（如吸管及培养皿等）、金属用具等凡不适于其他方法灭菌而又能耐高温的物品都可以用此法灭菌，而培养基、橡胶制品、塑料制品等都不能用干热灭菌。

干热灭菌的方式，一般是把待灭菌的物品包装就绪后，放入电烘箱中烘烤，即加热到 160～170℃，维持 1.5～2h。

玻璃器皿如培养皿、吸管等在灭菌前应洗净、晾干（一定注意干燥，如有水滴，灭菌时易炸裂）并包装得当。

使用电烘箱干热灭菌时应注意以下问题：

（1）灭菌物品在箱内不能摆放太满，一般不要超过总容量的 2/3，灭菌物之间应留有一定空隙。

（2）灭菌物品不能直接放在烘箱的底板上，即使需要放得很低，也要用铁筐子架起。灭菌物品的包装物，如纸、棉花或纱布等，不能接触到烘箱内壁的铁板，因为铁板温度一般高于箱内空气温度，容易烘焦着火。

（3）升温时或灭菌物品有水分需要迅速蒸发时，可打开进气孔和排气孔，待达到所需温度（如 165℃）后，将进气孔和排气孔关闭，使箱内温度一致。

（4）灭菌温度超过 170℃，包装纸就将变黄，超过 180℃，纸或棉花等就会烤焦至燃烧。如因不慎或其他原因烘箱内发生纸或棉花烤焦或燃烧的事故时，应立即先关闭电源，将进气孔、排气孔关闭，令其自行降温到 60℃ 以下后，才能打开箱门进行处理，切勿在未断电源前打开箱门或排气孔，以免促进燃烧造成更大事故。

（5）正常情况下，灭菌完毕，让其自然降温到 100℃ 以后，打开排气孔促使降温，降到 60℃ 以下时（视室温而定）再打开箱门取出灭菌物品，以免骤然降温使玻璃器具爆破。

（6）如果干燥箱配有数控程序的，只需按照上述要求设定温度和时间，灭菌时间到等待温度降到 60℃ 以下即可。

（三）棉塞的制作技术

1. 棉塞的作用和要求

一般情况下，培养微生物用的试管和锥形瓶口均需加棉塞。其作用是既要保持空气的流通，以保证供应微生物生长所需的氧气，又要滤除空气中的杂菌，避免污染。

制作棉塞的基本要求是：松紧适度，太紧影响通气，太松则影响过滤除菌的效果。插入的部分长度要恰当，一般为容器口径的1.5倍，过短则易脱落。外露部分应略微粗大些，且比较整齐硬实，便于握取。

2. 棉塞的制作方法

制作棉塞应采用普通棉花，脱脂棉易吸水不宜用。制作方法多种多样，下面仅介绍一种作参考（见图1-3）。

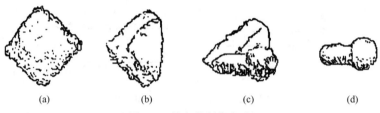

| (a) | (b) | (c) | (d) |

图1-3　棉塞的制作方法

根据所做棉塞的大小，选取一块棉花，铺平成正方形，把一角的两边各叠进一段，使其叠齐加厚。按住另一角边把棉花卷起来，卷时两手紧捏中间部分，两头不要卷得太紧，卷成棉卷后，从中间折起并拢，插入试管或锥形瓶中，深度如要求中所述。新做的棉塞弹性比较大，不易定形。插在容器上经过一次加压蒸汽灭菌后形状和大小便基本可固定。为了便于无菌操作，减少棉塞的污染概率、延长棉塞的使用时间，可在棉塞外面包上1~2层纱布，并用棉线扎住纱布断口。

（四）接种用具及其制作

1. 接种环

量取约10cm长的镍铬丝（500W的电炉丝也可），将其一端弯成一个直径为2mm左右的小圆环，另一端插入接种棒或空心玻棒中卡紧即为接种环。所做成的接种环，其前端之圆环要求圆而封口且与接种环柄在同一平面上，这样便于在培养基上划线、挑取菌种和使液体在环内形成水膜。

2. 接种针

量取约9cm长的镍铬丝将其拉直，搓成针一样，再将镍铬丝的一端插入接种棒中即成接种针。所制的接种针要直，才便于对固体深层培养基进行穿刺接种。

3. 接种圈

将镍铬丝的末端卷成若干圈使之成盘状，另一端插入接种棒中即成。此用具较适宜于从砂土管内移取菌种时使用。

4. 接种钩

将镍铬丝的末端3~4mm处横折90°即成。可供挑取菌丝进行移植时使用。

5. 接种铲

可用单车轮上的钢丝条，将其一端砸扁至呈平铲状，另一端套橡皮管作棒柄。

6. 玻璃刮铲

用一段长约30cm、直径5~6mm的玻璃棒，在喷灯火焰上把一端变成"了"形或"丁"形，或按弯端的平面略向下。在与平板接触的一侧，要求平直光滑，使平皿内的琼脂表面不受损伤，并能涂布均匀。此种工具用于稀释涂抹法在琼脂平板上进行菌种分离或微生物计数时，将放在平板表面的菌悬液涂布均匀。

以上接种工具见图1-4。

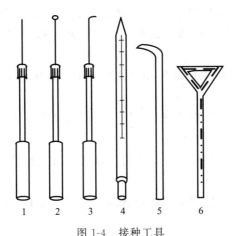

图 1-4　接种工具

1—接种针；2—接种环；3—接种钩；4—吸管；5,6—玻璃刮铲

二、食品微生物检验要求

（一）实验室基本要求

1. 环境

（1）实验室环境不应影响检验结果准确性。

（2）实验室的工作区域应与办公室区域明显分开。

（3）实验室工作面积和总体布局应能满足从事检验工作的需要，实验室布局应采用单方向工作流程，避免交叉污染。

（4）实验室内环境的温度、湿度、照度、噪声和洁净度等应符合工作要求。

（5）一般样品检验应在洁净区域［包括超净工作台或洁净实验室（局部百级）］进行，洁净区域应用明显的标识。

（6）病原微生物分离鉴定工作应在二级生物安全实验室（Biosafety level 2，BSL-2）中进行。

2. 人员

（1）检验人员应具有相应的教育、微生物专业培训经历，具有相应的资历，能够理解并正确实施检验（指上岗工作人员）。

（2）检验人员应掌握实验室生物检验安全操作知识和消毒知识。

（3）检验人员应在检验过程中保持个人整洁与卫生，防止人为污染样品。

（4）检验人员应在检验过程中遵守相关预防措施的规定，保证自身安全。

（5）有颜色视觉障碍的人员不能执行涉及辨色的实验。

3. 设备

（1）实验设备应满足检验工作的需要。

（2）实验设备应放置于适宜的环境条件下，便于维护、清洁、消毒与校准，并保持整洁与良好的工作状态。

（3）实验设备应定期进行检查、检定（加贴标识）、维护和保养，以确保工作性能和操作安全。

（4）实验设备应有日常性能监控记录和使用记录。

4. 检验用品

（1）常规检验用品主要有接种环（针）、酒精灯、镊子、剪刀、药匙、消毒棉球、硅胶（棉）塞、微量移液器、吸管、吸球、试管、平皿、微孔板、广口瓶、量筒、玻棒及"L"形玻棒等。

（2）检验用品在使用前应保持清洁和（或）无菌。常用的灭菌方法包括湿热法、干热法、化学法等。

（3）需要灭菌的检验用品应放置在特定容器内使用或用合适的材料（如专用包装纸、铝箔纸等）包裹或加塞，应保证灭菌效果。

（4）可选择适用于微生物检验的一次性用品来替代反复使用的物品与材料（如培养皿、吸管、吸头、试管、接种环等）。

（5）检验用品的储存环境应保持干燥和清洁，已灭菌与未灭菌的用品应分开存放并明确标识。

（6）灭菌检验用品应记录灭菌/消毒的温度与持续时间。

5. 培养基和试剂

（1）培养基　培养基的制备和质量控制按照 GB/T 4789.28 的规定执行。

（2）试剂　检验试剂的质量及配制应适用于相关检验。对检验结果有重要影响的关键试剂（如血清、抗生素等）应进行适用性验证。

6. 菌株

（1）应使用微生物菌种保藏专门机构或同行认可机构保存的、可溯源的标准或参考菌株。

（2）应对从食品、环境或人体分离、纯化、鉴定的、未在微生物菌种保藏专门机构登记注册的原始分离菌株（野生菌株）进行系统、完整的菌株信息记录，包括分离时间、来源、表型及分子鉴定的主要特征等。

（3）实验室应保存能满足实验需要的标准或参考菌株，在购入和传代保藏过程中，应进行验证试验，并进行文件化管理。

（二）样品的采集

1. 采样原则

（1）根据检验目的、食品特点、批量、检验方法、微生物的危害程度等确定采样方案。

（2）应采用随机原则进行采样，确保所采集的样品具有代表性。

（3）采样过程遵循无菌操作程序，防止一切可能的外来污染。

（4）样品在保存和运输过程中，应采用必要的措施防止样品中原有微生物的数量变化，保持样品的原有状态。

2. 采集方案

（1）类型　分为二级和三级采样方案。二级采样方案设有 n、c 和 m 值，三级采样方案设有 n、c、m 和 M 值。

n：同一批次产品应采集的样品数；

c：最大可允许超出 m 值的样品数；

m：微生物指标可接受水平的限量值；

M：微生物指标的最高安全限量值。

注：1. 按照二级采样方案设定的指标，在 n 个样品中，允许有 $\leqslant c$ 个样品其相应微生物指标检验值大于 m 值。菌落计数以菌落形成单位（colony forming units，CFU）表示。

2. 按照三级采样方案设定的指标，在 n 个样品中，允许全部样品中相应微生物指标检验值小于或等于 m 值；允许有 $\leqslant c$ 个样品其相应微生物指标检验值在 m 值和 M 值之间；不允许有样品相应微生物指标检验值大于 M 值。

例如：$n=5$，$c=2$，$m=100\mathrm{CFU/g}$，$M=1000\mathrm{CFU/g}$，含义是从一批产品中采集 5 个样品，若 5 个样品的检验结果均小于或等于 m 值（$\leqslant100\mathrm{CFU/g}$），则这种情况是允许的；若 $\leqslant2$ 个样品的结果（X）位于 m 值和 M 值之间（$100\ \mathrm{CFU/g}<X\leqslant1000\ \mathrm{CFU/g}$），则这种情况也是允许的；若有 3 个及以上样品的检验结果位于 m 值和 M 值之间，则这种情况是不允许的；若有任一样品的检验结果大于 M 值（$>1000\ \mathrm{CFU/g}$），则这种情况也是不允许的。

（2）各类食品的采样方案　按相应产品标准中的规定执行。

（3）食源性疾病及食品安全事件中食品样品的采集

① 由工业化批量生产加工的食品污染导致的食源性疾病或食品安全事件，食品样品的采集和判断原则按"2. 采集方案"下（1）和（2）执行。同时，确保采集现场剩余食品样品。

② 由餐饮单位或家庭烹调加工的食品导致的食源性疾病或食品安全事件，食品样品的采集按 GB 14938 中安全学检验的要求执行。

3. 各类食品的采样方法

采样应遵循无菌操作程序，采样工具和容器应无菌、干燥、防漏，形状及大小适宜。

（1）即食类预包装食品　取相同批次的最小零售原包装，检验前要保持包装的完整，避免污染。

（2）非即食类预包装食品　原包装小于 500g 的固态食品或小于 500mL 的液态食品，取相同批次的最小零售原包装；大于 500mL 的液态食品，应在采样前摇动或用无菌棒搅拌液体，使其达到均质后分别从相同批次的 n 个容器中采集 5 倍或以上检验单位的样品；大于 500g 的固态食品，应用无菌采样器从同一包装的几个不同部位分别采取适量样品，放入同一个无菌采样容器内，采样总量应满足微生物指标检验的要求。

（3）散装食品或现场制作食品　根据不同食品的种类和状态及相应检验方法中规定的检验单位，用无菌采样器现场采样 5 倍或以上检验单位的样品，放入无菌采样容器内，采样总量应满足微生物检验的要求。

（4）食源性疾病及食品安全事件的食品样品　采样量应满足食源性疾病诊断和食品安全事件病因判定的检验要求。

4. 采集样品的标记

应对采集的样品进行及时、准确的记录和标记，采样人应清晰填写采样单（包括采样的人、地点、时间，样品名称、来源、批号、数量、保存条件等信息）。

5. 采集样品的贮存和运输

采样后，应将样品在接近原有贮存温度条件下尽快送往实验室检验。运输时应保持样品完整。如不能及时运送，应在接近原有贮存温度条件下贮存。

（三）样品检验

1. 样品处理

（1）实验室接到送检样品后，应认真核对登记，确保样品的相关信息完整并符合检验要求。

（2）实验室应按要求尽快检验。若不能及时检验，应采取必要的措施保持样品的原有状态，防止样品中目标微生物因客观条件的干扰而发生变化。

（3）冷冻食品应在45℃以下不超过15min，或在2～5℃不超过18h解冻后进行检验。

2. 检验方法的选择

（1）应选择现行有效的国家标准方法。

（2）食品微生物检验方法标准中对同一检验项目有两个及两个以上定性检验方法时，应以常规培养方法为基准方法。

（3）食品微生物检验方法标准中对同一检验项目有两个及两个以上定量检验方法时，应以平板计数法为基准方法。

（四）生物安全与质量控制

1. 实验室生物安全要求

应符合GB 19489的规定。实验室的生物安全条件和状态不低于容许水平，可避免实验室人员、来访人员、社区及环境受到不可接受的损害，符合相关法规、标准等对实验室生物安全责任的要求。

2. 质量控制

（1）实验室应定期对实验用菌株、培养基、试剂等设置阳性对照、阴性对照和空白对照。

（2）实验室应对重要的检验设备（特别是自动化检验仪器）设置仪器比对。

（3）实验室应定期对实验人员进行技术考核和人员比对。

（五）实验记录与报告

1. 记录

检验过程中应即时、准确地记录观察到的现象、结果和数据等信息。

2. 报告

实验室应按照检验方法中规定的要求，准确、客观地报告每一项检验结果。

（六）检验后样品的处理

（1）检验结果报告后，被检样品方能处理。检出致病菌的样品要经过无害化处理。

（2）检验结果报告后，剩余样品或同批样品不进行微生物项目的复检。

第二部分
食品微生物学基础实验实用技术

实验一　普通光学显微镜的使用

一、目的要求

了解普通光学显微镜的构造及基本原理；掌握普通光学显微镜低倍镜、高倍镜和油镜的使用方法及维护方法。

二、基本原理

（一）普通光学显微镜的构造

普通光学显微镜是由机械系统和光学系统两大部分组成的（图 2-1）。

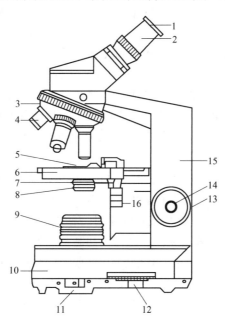

图 2-1　普通光学显微镜的构造示意图

1—目镜；2—镜筒；3—物镜转换器；4—物镜；5—游标卡尺；6—载物台；
7—聚光器；8—光圈；9—光源；10—镜座；11—电源开关；12—光源滑动变阻器；
13—粗调螺旋；14—微调螺旋；15—镜臂；16—标本移动螺旋

1. 机械系统

机械系统包括镜座、镜臂、镜筒、载物台、物镜转换器及调焦装置等。

（1）镜座（base）　显微镜的基座，其作用是支撑整个显微镜，使其能平稳地放置在桌面上。有的显微镜的镜座内还装有反光镜和光源组。

（2）镜臂（arm） 用以支撑和固定镜筒、载物台及调焦装置，也是移动显微镜时手握的部位。

（3）镜筒（tube） 显微镜上方的空心圆筒，其作用是连接目镜和物镜，镜筒上端套接目镜，下端与物镜转换器连接。镜筒有单筒和双筒两种。单筒可分为直立式和倾斜式两种；双筒都是倾斜式的。双筒镜筒有调距装置，可调节两镜筒之间的宽度，其中的一个镜筒上还装有视度调节。镜筒上缘到物镜转换器螺旋下端的距离称为镜筒长度或机械长度。调节式镜筒附有刻度，一般可调范围为 155～250mm；固定式的为 160mm 或 170mm。

（4）载物台（stage） 亦称镜台，固定在镜臂上，方形或圆形，中央有一通光孔，台面上装有推进器和弹簧夹，可推动和固定标本。有的显微镜在载物台两边或一边（或在推进器上面，或在载物台下面）装有两个移动螺旋，转动移动螺旋可使载物台前后左右移动，便于观察标本的任一视野。有的显微镜在载物台的纵向和横向上装有游标卡尺，可测定标本的大小，也可用来对被检视野作标记，以便下次观察时再检查该视野。

（5）物镜转换器（revolving nosepiece） 安装于镜筒的下端，其上有 3～4 个圆孔，可顺序安装不同倍数的物镜，使用时根据需要转动转换器来更换观察用的物镜。

（6）调焦装置（adjustment） 安装在镜臂的基部两侧，是调节物镜与被检标本距离的装置。调焦装置包括粗调螺旋和微调螺旋，转动调焦螺旋可使镜筒或载物台上下移动，以调节焦距，使标本与物镜的距离等于物镜的工作距离，从而可清晰地观察到标本。

2. 光学系统

光学系统主要包括目镜、物镜、聚光器和光源等。

（1）目镜（eye piece 或 ocular lens） 安装在镜筒的上端。目镜的作用是把物镜放大的实像进一步扩大。目镜由上下两组透镜组成，上面的叫接目透镜，下面的叫会聚透镜。上下透镜之间装有一个光阑。光阑的大小决定视野的大小。目镜的光阑上还可以放置测微目尺，在进行显微测量时使用。不同目镜上刻有 5×、10×、15×、20× 等字符，以表示该目镜的放大倍数，可根据需要选用。

（2）物镜（objective） 安装在物镜转换器上，由多块透镜组成，物镜的作用是把标本作第一次放大。根据物镜的放大倍数和使用方法不同，可分为干燥物镜（包括低倍物镜和高倍物镜）和油浸物镜（油镜）。干燥物镜在使用时，标本片与物镜之间的介质是空气。干燥物镜按放大倍数还可以分为低倍物镜、中倍物镜和高倍物镜。一般把 10 倍以下的物镜叫低倍物镜，把 20 倍的物镜叫中倍物镜，40 倍、45 倍或 60 倍的物镜叫高倍物镜。这些物镜上标有 5×、10×、20×、40×、45×、60× 等字符，以表示该物镜的放大倍数。油浸物镜是物镜中放大倍数最高的镜头（90× 或 100×），使用油镜时，在标本上加一滴镜油作为介质。国产显微镜的油镜常标有"油"字，国外产品则常用"oil"（oil immersion）或"HI"（homogeneous immersion）字样，以供识别。物镜上通常还标有放大倍数、数值口径（亦称开口率）、工作距离等主要参数（图 2-2）。

例如：

10×0.3——表示放大 10 倍，NA＝0.3（NA 表示数值口径，numerical aperture，又称开口率）。

40/0.65——表示放大 40 倍，NA＝0.65，为消色差物镜。

100/1.25oil——表示放大 100 倍，NA＝1.25，为消色差油镜。

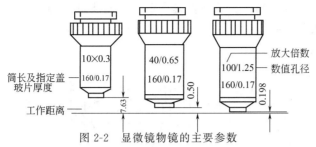

图 2-2 显微镜物镜的主要参数

（镜筒长度、指定盖玻片厚度及工作距离的单位均为 mm）

Plan16/0.35 160/——表示放大 16 倍，NA＝0.35，为平场消色差物镜，镜筒长度 160mm。斜线下方为一短横划，无数字，表示对盖玻片厚度要求不严格；如果是 160/0.17 则表示镜筒长度 160mm，盖玻片厚度应为≤0.17mm。

（3）聚光器（condenser） 又称集光器，安装在载物台的下方，是由聚光镜和可变光阑组成。聚光镜由一片或数片透镜组成，其作用相当于凸透镜，起聚光的作用，以增强射入物镜的光线。可变光阑也叫光圈，位于聚光镜的下方，由十几片金属薄片组成，中心部呈圆孔。推动可变光阑的把手可以任意调节孔径的大小，其作用是通过调节光强度，使聚光镜的数值孔径和物镜的数值孔径相一致。可变光阑开得越大，则数值孔径越大；反之，则数值孔径越小。

（4）光源（light source） 目前大多数显微镜自身带有照明装置，安装在镜座内部，由强光灯泡发出的光线通过安装在镜座上的聚光器、光阑等以改变进入聚光器光线的波长。光源有电源开关控制，其光线强弱可由源滑动变阻器调节。

（二）普通光学显微镜的光学原理

普通光学显微镜是由目镜和物镜两组透镜系统放大成像，常称为复式显微镜。

1. 显微镜的成像原理

由外界入射的光线经反光镜反射向上，或由内光源发射的光线经聚光镜向上，会聚在被检标本上，使标本得到足够的照明，由标本反射或折射出的光线经物镜进入使光轴与水平面倾斜 45° 角的棱镜，在目镜的焦平面上成放大的测光实像。该实像再经目镜的接目透镜放大成虚像，即观察者所看到的是虚像。

2. 显微镜的放大倍数

显微镜的放大倍数＝接物镜放大倍数×接目镜放大倍数。例如：使用放大 40 倍的物镜和放大 10 倍的目镜观察时，总放大倍数是 400 倍。

根据计算，显微镜的有效放大倍数为：$E \times O = 1000 \times NA$，式中，$E$ 为目镜放大倍数；O 为物镜放大倍数；NA 为数值口径。

3. 显微镜的分辨率

评价一台显微镜的质量优劣，不仅要看其放大倍数，更重要的是看其分辨率（resolution，R）。分辨率是指显微镜能够辨别发光的物体（两端）两点之间最小距离的能力，该最小距离称为鉴别限度。

$$R = \lambda / [2n \cdot \sin(\alpha/2)] = \lambda / 2NA$$

式中　R——显微镜分辨出物体两点间的最短距离；

　　λ——可见光的波长；

　　n——物镜和被检标本间介质的折射率；

α——开口角或入射角（物镜前发光点发射的光线进入物镜的角度，见图 2-3）可见光的波长 $\lambda = 0.5607 \mu m \approx 0.56 \mu m$，如果用 $90\times$、$NA = 1.4$ 的物镜，则 $R = 0.56/(2\times1.4) = 0.2 \mu m$。

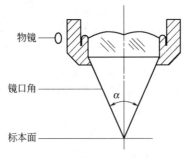

图 2-3　物镜的开口角

在干燥系物镜条件下，物镜与标本间的介质为空气，$n = 1$，α 最大值只能为 $180°$（实际上不可能达到 $180°$），$\sin(180°/2) = 1$，所以干燥系物镜条件下的数值口径都小于 1。使用油浸系物镜时，物镜与标本间的介质为香柏油（$n = 1.515$）或液体石蜡（$n = 1.52$），可增加数值口径。目前技术条件下，最大的数值口径为 1.4。因此，普通光学显微镜的分辨率有一定的限度。

三、器具材料

普通光学显微镜，标本片，香柏油，二甲苯，擦镜纸等。

四、操作步骤

（1）显微镜应直立放置于桌面上，移动显微镜时，一只手紧握镜臂，另一只手托住镜座。观看显微镜时，尽量使桌和凳的高度相配合，以避免将显微镜倾斜来观看。

（2）选择良好的光源。若显微镜带有人工光源，则只需接通电源即可。

（3）逆时针方向转动粗动调焦手轮，使镜筒上升，再转动物镜转换器，把低倍物镜转到工作位置（此时似有碰珠卡住的手感）。然后按顺时针方向转动粗动调焦手轮，使物镜下端离物台的距离与物镜的工作距离接近。

（4）眼睛接近目镜，并用镜筒调距装置调节两目镜之间的距离，使其与观察者两眼间的距离相同，调节聚光器和可变光阑。用低倍镜时，聚光器可适当降低，可变光阑适当开小；用高倍镜或油镜时，聚光器适当升高，可变光阑适当开大，使视野内得到明亮而均匀一致的亮度，还应注意观察染色标本时光线宜强，观察活体标本时光线宜弱。

（5）把标本片放在载物台上的标本固定夹内，注意勿使标本放反，转动标本推进器上的纵向转动螺旋和横向转动螺旋，使标本位于工作物镜的正下方。

（6）来回缓慢地转动粗动调焦螺旋，此时注意视野内的变化，若发现有物像闪过，再略微来回转动粗动调焦螺旋，使物像基本清晰，再来回转动微动调焦螺旋，直到获得清晰的物像。

双筒显微镜还应调节一个镜筒上的视度圈，使观察者两眼的视度一致，以获得非常清晰的图像。

（7）当需要用不同倍数观察标本时，可将物镜转换器转动，使高倍物镜转至工作位置。同一显微镜的几个物镜均是等焦的，此时只需来回转动微动调焦螺旋，并适当增强照明，即可看到清晰的图像。

（8）如果需要用油镜观察，应转动物镜转换器，使其离开工作位置，再在标本的中央滴一滴镜油，然后将油镜转向工作位置，使油镜浸于镜油中，轻轻转动微动调焦螺旋，并增强照明亮度，直到图像清晰为止。此时，可获得放大 900～1000 倍以上的物像。注意在用高倍镜和油镜观察时，只能用微动调节螺旋来调节焦距，切忌用粗动调焦螺旋来调焦，以免压坏物镜头的镜片。假如在观察中，物像消失，则需重新换上低倍物镜，找到标本后，再转换油镜观察；亦可以用眼睛侧视，使油镜头缓慢地下降至略微接触载玻片时，再以逆时针方向边观察边转动微动调焦螺旋，直到获得清晰物像为止。

（9）观察完毕后，将物镜镜头转成"八"字形，离开工作位置，略升高镜筒或下降载物台，取下标本片，用蘸有二甲苯的拭镜纸轻轻擦拭油镜上的油，再换洁净的拭镜纸擦干二甲苯，并用软布擦净显微镜上的灰尘，放入镜箱内。

（10）显微镜的维护

防潮：显微镜应放在避光和干燥的地方，最好在镜箱内放一袋干燥剂。

防尘：显微镜观察室内应保持清洁，尽量避免尘埃。目镜和物镜如有尘污应用擦镜纸擦净。最好用布袋罩上并放入镜箱。

防腐蚀：显微镜不要与挥发性药品及酸、碱类药品接触，以免受腐蚀。

防热：显微镜不要放在日光下暴晒，也不要放在靠近火炉、电炉或暖气片的地方。

五、作业与思考题

1. 绘制观察到的标本形态。

2. 什么是显微镜的放大倍数和分辨率？

3. 油镜与普通物镜有什么不同？用油镜观察时应注意哪些问题？

4. 为什么在用高倍镜和油镜观察标本之前要先用低倍镜进行观察？

实验二 细菌的简单染色法和革兰染色法

一、目的要求

掌握无菌操作和微生物涂片制备技术；掌握细菌的简单染色和革兰染色的原理及操作步骤；掌握在油镜下观察细菌个体形态的方法。

二、基本原理

细菌个体微小，且较透明，必须借助染色法使菌体着色，以显示其形态结构。用于生物染色的染料主要有碱性染料、酸性染料和中性染料三大类。碱性染料的离子带正电荷，能和带负电荷的物质结合。因细菌蛋白质等电点较低，当它生长于中性、碱性或弱酸性的溶液中时常带负电荷，所以通常采用碱性染料（如美蓝、结晶紫、碱性复红、番红或孔雀绿等）使其着色。酸性染料的离子带负电荷，能与带正电荷的物质结合。当细菌分解糖类产酸使培养基 pH 下降时，细菌所带正电荷增加，因此易被伊红、酸性复红或刚果红等酸性染料着色。中性染料是前两者的结合物又称复合染料，如伊红美蓝、伊红天青等。细菌染色法有三种，即简单染色法、鉴别染色法（即革兰染色法）和特殊染色法。

简单染色法是利用单一染料对细菌进行染色的一种方法。此法操作简便，适用于菌体一般形状和细菌排列的观察。常用碱性染料进行简单染色，经染色后的细菌细胞与背景形成鲜明的对比，在显微镜下更易于识别。简单染色不能辨别细菌细胞的构造。

革兰染色法是一种鉴别性的染色方法。可将所有的细菌区分为革兰阳性菌（G^+）和革兰阴性菌（G^-）两大类。其机理是由于细菌细胞壁的化学组成及结构不同和通透性不同的缘故。对于细菌的分类、鉴定及食品卫生检测都有重要意义。其方法要点是：细菌经结晶紫着染后，用媒染剂碘液处理，再用酒精脱色，最后用番红复染，置显微镜下观察，若菌体呈紫色，则称革兰阳性菌（用 G^+ 表示），该反应为正反应，或称革兰阳性反应；若菌体呈红色则称革兰阴性菌（G^- 表示），该反应为负反应，或称革兰阴性反应。

三、器具材料

（1）菌种 金黄色葡萄球菌（*Staphylococcus aureus*），大肠杆菌（*Escherichia coli*），枯草芽孢杆菌（*Bacillus subtilis*）。

（2）染色剂 草酸铵结晶紫染液，路氏碘液，95％乙醇，番红染液等。

（3）仪器或其他用具 显微镜，酒精灯，载玻片，接种环，双层瓶（内装香柏油和底层二甲苯），擦镜纸，试管架，镊子，载玻片夹子，载玻片支架，滤纸，滴管和无菌生理盐水等。

四、操作步骤

（一）简单染色法

1. 涂片

取一清洁无油渍的载玻片。滴加一小滴生理盐水或蒸馏水于载玻片的中央，用接种环以无菌操作法从斜面取出少量培养物，在载玻片上与水混合后，用接种环涂成均匀的薄层。若是液体培养物，则可直接蘸取菌液作涂片（图 2-4）。

2. 干燥

自然晾干或微微加热干燥。

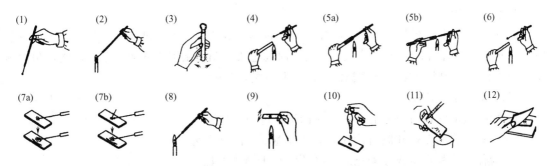

图 2-4　无菌操作取菌体、涂片制作及染色过程

（1）取接种环；（2）灼烧接种环；（3）摇匀菌液；（4）灼烧管口；（5a）从菌液中取菌
[或（5b）从斜面菌种中取菌]；（6）取菌后再灼烧管口，并塞上管塞；（7a）将菌液直接涂片
[或（7b）从斜面菌种中取菌与玻片上水滴混匀涂片]；（8）灼烧接种环上的残菌；
（9）干燥、固定；（10）染色；（11）水洗；（12）干燥（或吸干）

3. 固定

标本面朝上，如钟摆的速度通过火焰 2～3 次，此操作过程称为固定，其目的是使细胞质凝固，以固定细胞形态，并使之牢固附着在载玻片上。

4. 染色

经火焰固定的涂片，待冷却后，滴加数滴石炭酸复红液于涂片上，并使其覆盖涂片薄膜为宜，染色 1～2min。

5. 水洗

倾去染料，将载玻片斜置，用细水从玻片的上端流下，洗去多余的染料，直至流水变清为止。冲洗时勿直接用水冲涂菌处。

6. 干燥

用吸水纸吸干或自然干燥，或微微加热，以加快干燥速度。

7. 镜检

涂片干后镜检。

（二）革兰染色法

1. 涂片固定

取培养 12～24h 的被试菌体，按简单染色法涂片固定，可在一块载玻片上，分别涂布大肠杆菌和金黄色葡萄球菌。也可在一块载玻片的同一处同时涂入两种菌以作对比观察。

2. 染色

（1）初染　待玻片冷却后加草酸铵结晶紫一滴（以刚好将菌膜覆盖为宜），染色 1min 后倾去染液，水洗至流出水无色。

（2）媒染　加碘液媒染固定 1min，水洗。

（3）脱色　手持载玻片一端，斜置，用 95% 的酒精，一滴一滴地加于涂片的上部，直到流下酒精不显紫色时（10～15s），立即用水冲洗。

（4）复染　用番红染液染色 2min，水洗，干燥。

3. 镜检

干燥后，用低倍镜观察，待找到物像部位后，转换成油镜观察。革兰阳性菌呈紫色，革兰阴性菌呈红色。

4. 注意事项

涂片上的菌液不能太浓，而且涂抹均匀，否则影响脱色的均匀度及观察效果。酒精脱色时间的长短，可以直接影响实验结果，脱色时间过长，阳性菌误染成阴性菌；反之，阴性菌误染成阳性菌。因此必须严格掌握酒精脱色程度的准确性。

五、作业与思考题

1. 绘出供试菌种的细胞形态图，并标明染色的结果。

2. 无菌操作取菌体和制备涂片时需要注意哪些问题？为什么？

3. 为什么涂片标本或经染色后，必须完全干燥才能观察？

4. 影响革兰染色结果的因素有哪些？为什么？

实验三　细菌特殊结构的染色（芽孢、荚膜和鞭毛）及细菌运动性观察

一、目的要求

掌握细菌特殊结构（芽孢、荚膜和鞭毛）的染色原理和方法；观察细菌的特殊结构（芽孢、荚膜和鞭毛）形态特征；学习用悬滴法和水浸片法观察细菌运动性的方法。

二、基本原理

芽孢、荚膜和鞭毛是细菌的特殊结构，是细菌分类鉴定的重要指标。

（1）芽孢染色　利用细菌的芽孢和菌体对染料的亲和力不同的原理，用不同染料进行着色，使芽孢和菌体呈现不同的颜色而加以区别。芽孢壁厚、透性低，着色、脱色均较困难，因此，当先用一弱碱性染料，如孔雀绿（malachite green）或碱性品红（basic fuchsin）在加热条件下进行染色时，此染料不仅可以进入菌体，而且也可以进入芽孢，进入菌体的染料可经水洗脱色，而进入芽孢的染料则难以透出，若再用复染液（如番红液）或衬托溶液（如黑色素溶液）处理，则菌体和芽孢易于区分。

（2）荚膜染色　由于荚膜是某些细菌细胞壁外存在的一层胶状黏液性物质，与染料间的亲和力弱，不易着色，因此通常采用负染色法染色，即设法使菌体和背景着色而荚膜不着色，从而使荚膜在菌体周围呈一透明圈。由于荚膜的含水量在90%以上，故染色时一般不加热固定，以免荚膜皱缩变形。

（3）鞭毛染色　鞭毛极细，直径一般为10～20nm，只有用电子显微镜才能观察到。但是，如采用特殊的染色法，则在普通光学显微镜下也能看到它。鞭毛染色方法很多，但其基本原理相同，即在染色前先用媒染剂处理，让它沉积在鞭毛上，使鞭毛直径加粗，然后再进行染色。常用的媒染剂由丹宁酸和氯化铁或钾明矾等配制而成。

（4）细菌运动性观察　有鞭毛的细菌都具有运动性。如果仅须了解某细菌是否具有鞭毛，可采用悬滴法或水浸片法直接在光学显微镜下检查活细菌是否具有运动能力，以此来判断细菌是否有鞭毛。此法较快速、简便。悬滴法就是将菌液滴加在洁净的盖玻片中央，在其周边涂上凡士林，然后将它倒盖在有凹槽的载玻片中央，即可放置在普通光学显微镜下观察。水浸片法是将菌液滴在普通的载玻片上，然后盖上盖玻片，置显微镜下观察。大多数球菌不生鞭毛，杆菌中有鞭毛或无鞭毛，弧菌和螺菌几乎都有鞭毛。有鞭毛的细菌在幼龄时具有较强的运动力，衰老的细胞鞭毛易脱落，故观察时宜选用幼龄菌体。

三、器具材料

（1）菌种　巨大芽孢杆菌（*B. megaterium*）或枯草芽孢杆菌（*Bacillus subtilis*），胶质芽孢杆菌（*Bacillus mucilaginosus*，俗称"钾细菌"）。

（2）染色液和试剂

① 芽孢染色液　7.6%孔雀绿饱和水溶液，齐氏石炭酸复红染液。

② 荚膜染色液　黑墨汁，结晶紫。

③ 鞭毛染色液　硝酸银染色液（A、B液）。

④ 香柏油，二甲苯，无菌水或蒸馏水，6%葡萄糖水溶液，无水乙醇等。

（3）器材　小试管（75mm×10mm），烧杯（300mL），滴管，载玻片，凹载玻片，盖

玻片，玻片搁架，擦镜纸，接种环，镊子，吸水纸，记号笔，酒精灯，电炉，显微镜等。

四、操作步骤

（一）芽孢染色法——孔雀绿染色法

（1）制片、固定　取一干净载玻片按无菌操作取巨大芽孢杆菌菌体少许制成涂片，风干，固定。

（2）染色　在涂菌处滴加 7.6％孔雀绿饱和水溶液，间断加热染色 10min，用水冲洗。

（3）复染　用齐氏石炭酸复红染液染色 1min，水洗，风干后镜检。

（4）镜检　芽孢被染成绿色，营养体呈红色。观察细菌芽孢的形态。

（二）荚膜染色法——负染色法

（1）制片　加一滴 6％葡萄糖水溶液于载玻片一端，挑少量钾细菌与其充分混合，再加一滴黑墨汁充分混匀。用推片法制片，将菌液铺成薄层，自然干燥。

（2）固定　滴加 1～2 滴无水乙醇覆盖涂片，固定 1min，自然干燥。

（3）染色　滴加结晶紫，染色 2min，用水轻轻冲洗，自然干燥。

（4）镜检　菌体呈紫色，背景灰黑色，荚膜不着色呈无色透明圈。

（三）鞭毛染色法——银盐染色法

（1）载玻片的清洗　选择光滑无划痕的载玻片，将玻片置洗液中煮沸 10～20min，取出稍冷后用蒸馏水冲洗，晾干。或将水沥干后，放入 95％乙醇中脱水。取出玻片，在火焰上烧去酒精，即可使用。

（2）菌液的制备及涂片　菌龄较老的细菌容易失落鞭毛，所以在染色前应将待染枯草芽孢杆菌在新配制的营养琼脂培养基斜面上（培养基表面湿润，斜面基部含有冷凝水）连续移接 3～5 代，以增强细菌的运动力。最后一代菌种放恒温箱中培养 12～16h。然后，用接种环挑取斜面与冷凝水交接处的菌液数环，移至盛有 1～2mL 无菌水的试管中，使菌液呈轻度浑浊。将该试管放在 37℃恒温箱中静置 10min（放置时间不宜太长，否则鞭毛会脱落），让幼龄菌的鞭毛松展开。然后，吸取少量菌液滴在载玻片的一端，立即将玻片倾斜，使菌液缓慢地流向另一端，用吸水纸吸去多余的菌液，置空气中自然干燥。

（3）染色　滴加 A 液，染 5～8min，用蒸馏水轻轻地冲洗 A 液。用 B 液冲去残水，再加 B 液于载玻片上，在微火上加热至冒蒸汽，约维持 0.5～1min（加热时应随时补充蒸发掉的染料，不可使载玻片出现干涸）。再用蒸馏水冲洗，自然干燥。

（4）镜检　菌体呈深褐色，鞭毛为褐色。观察鞭毛形态。

（四）细菌运动性观察

1. 水浸片法

先在干净无痕迹的载玻片中央滴加少许无菌水，然后用接种环取培养 15～18h 的枯草杆菌 1 环于该无菌水中，制成菌悬液，切勿涂抹（或直接从液体培养的新鲜菌种试管中，用玻棒蘸取菌液于载玻片上）。加上盖玻片（注意不使产生气泡）。用低倍镜确定部位后，再改用高倍镜观察细菌的运动状况，并注意区别真运动与布朗运动。观察时光线要调得暗些。

2. 悬滴法

（1）制备菌液　在幼龄枯草芽孢杆菌斜面上，滴加 3～4mL 无菌水，制成轻度浑浊的菌悬液。或直接采用液体培养获得菌悬液。

（2）涂凡士林　取洁净无油的盖玻片 1 块，在其四周涂少量的凡士林。

（3）滴加菌液　加一滴菌液于盖玻片的中央，并用记号笔在菌液的边缘做一记号，以便在显微镜下观察时，易于寻找菌液的位置。

（4）盖盖玻片 现将带有菌液的盖玻片迅速翻转，使液滴恰好悬于凹窝处上方且避免菌液触及凹窝的边和底，并用火柴棒轻按盖玻片，使凡士林密封边缘，以减少菌液蒸发（图2-5）。标本制成后，先用低倍镜找到水滴，再换高倍镜或油镜观察。

（5）镜检 先用低倍镜找到标记，再稍微移动凹玻片即可找到菌滴的边缘，然后将菌液移到视野中央换高倍镜观察。由于菌体是透明的，镜检时可适当缩小光圈或降低聚光器以增大反差，便于观察。镜检时要仔细辨别是细菌的运动还是分子运动（即布朗运动），前者在视野下可见细菌自一处游动至他处，而后者仅在原处左右摆动。细菌的运动速度依菌种不同而异，应仔细观察。镜检结果：有鞭毛的枯草芽孢杆菌和假单胞菌可看到活跃的运动，而无鞭毛的金黄色葡萄球菌不运动。

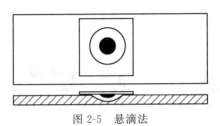

图 2-5 悬滴法

五、作业与思考题

1. 观察细菌的芽孢、荚膜和鞭毛形态特征，并绘制出细菌芽孢、荚膜和鞭毛的形态图。
2. 芽孢、荚膜和鞭毛的染色原理分别是什么？
3. 芽孢、荚膜和鞭毛染色时，要获得较好的染色结果，应注意哪些问题？
4. 要观察到较典型的细菌运动性，应做好哪些工作？

实验四　放线菌形态观察

一、目的要求
掌握观察放线菌形态的基本方法；认识放线菌的菌落特征和个体形态及无性孢子。

二、基本原理
　　放线菌为单细胞的分枝丝状体，其一部分菌丝伸入培养基中为营养菌丝，另一部分生长在培养基表面称气生菌丝，气生菌丝的顶端分化为孢子丝，孢子丝呈螺旋状、波浪状或直线状等（见图 2-6）。孢子丝可产生成串或单个的分生孢子。孢子丝及分生孢子的形状、大小因随放线菌种不同而异，是放线菌分类的重要依据之一。培养放线菌的方法最常用的有插片法、搭片法、载片培养法，本实验采用插片法来观察放线菌的形态特征。

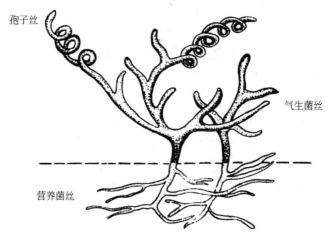

图 2-6　放线菌菌丝体形态

三、器具材料
　　（1）器材　显微镜，二甲苯，香柏油，擦镜纸，尖头镊子，接种铲，接种环，解剖刀，载玻片，盖玻片，培养皿，酒精灯，火柴。

　　（2）试剂及染色液　蒸馏水，石炭酸复红染色液，结晶紫染色液，1.0g/L 亚甲蓝，0.1% 美蓝染色液。

　　（3）菌种　细黄链霉菌（*Streptomyces microflavus*），青色链霉菌（*S. glaucus*），弗氏链霉菌（*S. fradiae*）。

　　（4）培养基　高氏 I 号琼脂培养基。

四、操作步骤
　　1. 放线菌菌落形态的观察

　　仔细观察平皿上长出的放线菌菌落的外形、大小、表面形状、表面及背面颜色，与培养基结合情况等（即不易被接种环挑取菌体），区别营养菌丝、气生菌丝及孢子丝的着生部位。

　　2. 个体形态的观察（插片法）

　　（1）标本培养物制作　在无菌操作下，将熔化并冷却到 50℃ 左右的培养基倾入无菌培养皿中，每皿约 20mL，平放冷凝成平板。取 0.5mL 左右放线菌菌悬液于平板上，用无菌玻璃刮铲涂抹均匀。将灭菌的盖玻片斜插在平皿内的培养基中，约呈 45°的角度，插片数量可根据需要而定（见图 2-7）。置于 30℃培养 3～5d 左右后开始观察，在培养基上生长的放线菌，有一部分生长到盖玻片上。

盖玻片
培养基

图 2-7　插片法

（2）标本片制作与观察

① 简单染色法　用镊子轻轻取出盖玻片火焰固定，用石炭酸复红染色液或结晶紫染色液染色 1min，水洗晾干后，翻转盖玻片放于载玻片上，在低倍镜下观察营养菌丝、气生菌丝，在高倍镜下观察孢子丝和孢子。如果用 1.0g/L 亚甲蓝对培养后的盖玻片进行染色后观察，效果会更好。

② 水浸片　滴一滴 0.1% 美蓝染色液置于载玻片中央，取插片法培养的盖玻片朝上一面翻转以 45°的角浸于载玻片的染色液中（避免有气泡），用高倍镜观察其单个分生孢子及其菌丝。

五、作业与思考题

1. 绘制并描述所观察到的放线菌的个体形态。

2. 镜检时，如何区分放线菌的基内菌丝和气生菌丝？

3. 放线菌的菌丝有几种？各有什么作用？

实验五　酵母菌形态的观察及酵母菌死活细胞的鉴别

一、目的要求

认识酵母菌的菌落特征及其个体形态；学习掌握酵母菌死活细胞的鉴别方法；通过对酵母菌的出芽与子囊孢子的观察，进一步了解酵母菌的繁殖方式及其与细菌繁殖的区别。

二、基本原理

酵母菌为不运动的单细胞真核微生物，细胞呈圆形、卵圆形或假丝状等形态，菌体较细菌大。繁殖方式也较复杂，分为无性繁殖和有性繁殖。形成的菌落与细菌菌落相似，但比细菌菌落大而且较丰厚。菌落呈圆形、湿润具有黏性、不透明、表面光滑、有油脂状光泽，多数白色或乳白色，少数红色。与培养基结合不紧，易被挑取。当培养时间较长时，菌落颜色变暗，有特殊的酒香味。

美蓝是一种无毒性染料，它的氧化型是蓝色的，而还原型是无色的，通过用美蓝染色液制成水浸片对酵母菌进行死活细胞染色鉴别。由于活的酵母细胞体内不断进行新陈代谢的作用，使细胞内具有较强的还原能力，而在酵母细胞内能使美蓝从蓝色的氧化型变为无色的还原型，所以染色后酵母的活细胞无色，而对于死细胞或新陈代谢缓慢的老细胞，则因它们无此还原能力或还原能力极弱，而被美蓝染成蓝色或淡蓝色。因此用美蓝水浸片法可观察酵母的个体形态，同时还可以对其死活细胞鉴别。但应注意，美蓝的浓度和作用时间等均可影响制片染色的效果。

酵母菌的繁殖方式也较复杂，无性繁殖主要是出芽繁殖（少数裂殖），有些酵母在特殊条件下芽殖后能形成假菌丝，有性繁殖是通过接合产生子囊孢子。子囊孢子的形状和数目及产孢子的能力等，是酵母菌分类的重要依据。

三、器具材料

（1）器材　无菌平皿，接种环，酒精灯，火柴，恒温培养箱，显微镜，载玻片，盖玻片，擦镜纸，手持放大镜。

（2）培养基　麦芽汁琼脂培养基，麦氏琼脂培养基斜面。

（3）菌种　啤酒酵母（*Saccharomyces cerevisiae*），解脂假丝酵母（*Candida albicans*），深红酵母（*Rhodotorula rubra*）等酵母菌斜面菌种各一支。

（4）染色液　吕氏美蓝染色液，石炭酸复红染色液，3%的酸性酒精。

四、操作步骤

1. 培养特征观察

在无菌操作条件下，将熔化并冷却至50℃左右的灭菌麦芽汁琼脂培养基倒入无菌平皿内（每皿15～20mL），平放于台面冷却使其成为平板。按无菌操作法用接种环取被试酵母菌种在平板表面用划线方法接种，于28～30℃恒温箱中培养3d，取出。用肉眼或手持放大镜观察平板表面长出的各种酵母菌菌落特征。并用接种环挑菌。注意其与培养基结合是否紧密。观察斜面上被试酵母菌菌苔特征。

2. 啤酒个体形态观察（水浸片法）

在干净的载玻片中央滴加一滴蒸馏水，按无菌操作要求，用接种环在上述培养的平皿表面挑取少许被试酵母菌培养物于蒸馏水中混匀，使呈轻度浑浊。加盖一块洁净盖玻片，注意切勿产生气泡，制成水浸片（用滤纸吸干多余水分），稍静置后，放在显微镜高倍物镜下观察酵母菌的个体形状、大小等。

3. 假丝酵母形态观察

用划线法将假丝酵母接种在麦芽汁平板上，在划线部分加盖无菌盖玻片，于 28～30℃ 培养 3d，取下盖玻片，放到洁净的载玻片上，在显微镜下观察呈树枝状分枝的假菌丝细胞的形状，或打开皿盖，在显微镜下直接观察。

4. 酵母菌死活细胞的鉴别及出芽繁殖观察

在干净的载玻片中央滴加一滴吕氏美蓝染色液，按无菌操作要求，用接种环挑取少许酿酒酵母培养物于美蓝染色液中混匀，加盖一块洁净的盖玻片，注意不要产生气泡，在高倍镜下观察鉴别酵母细胞的死活情况及酵母出芽繁殖情况。酵母死亡率一般用一个视野中计数死细胞总数占死活细胞总数的百分数来表示，通常计数 5～6 个视野，求其平均值。

5. 酵母菌子囊孢子的观察（有性繁殖）

（1）按无菌操作法将酿酒酵母先移到新鲜麦氏琼脂斜面上，25℃培养 24h 左右，如此连续活化传代 3～4 次，使其生长良好，最后一次用 25～28℃培养 3～5d，待用。

（2）在干净载玻片的中央滴加一滴蒸馏水，按无菌操作要求，用接种环挑取少许已活化培养备用的酿酒酵母于蒸馏水中混匀，制成涂片，干燥，固定，冷却备用。

（3）滴加石炭酸复红染色液于涂片处，在酒精灯上文火加热 5～10min（不能使染料沸腾和玻片干涸），倾去染色液，稍冷却后，用酸性酒精冲洗涂片至无红色褪下为止，再用水冲去酸性酒精。

（4）加吕氏美蓝染色液数滴于涂片处，染色数秒钟后，水洗，干燥。

（5）油镜下观察，子囊孢子呈红色，菌体细胞为蓝色。

（6）亦可不经染色直接制水浸片观察。水浸片中的酵母菌的子囊为圆形大细胞，内有 2～4 个圆形的小细胞即为子囊孢子。

五、作业与思考题

1. 绘制并描述所观察到的酵母菌个体形态。

2. 酵母菌与细菌在其培养特征和个体形态上有何区别？为什么？

3. 说明酵母死活细胞染色鉴别的原理。

实验六 霉菌形态及特殊结构观察

一、目的要求

学习观察霉菌形态的基本方法；掌握霉菌菌落特征与个体形态。

二、基本原理

霉菌的营养体是分枝的丝状体，称菌丝体，其菌丝平均宽度 $3\sim10\mu m$，分为基内菌丝和气生菌丝。生长到一定阶段时，气生菌丝中又可分化出繁殖菌丝。不同的霉菌其繁殖菌丝可以形成不同的孢子或子实体。

霉菌菌丝有无横隔膜，其营养菌丝有无假根、足细胞等特殊形态的分化，其繁殖菌丝形成的孢子着生的部位和排列情况，以及是否形成有性孢子等，是鉴别霉菌的主要依据，镜检时应仔细注意观察。

由于霉菌是真核微生物，其菌丝一般比放线菌粗长几倍至几十倍，并且菌丝生长比较松散，速度比放线菌快，因此，其菌落多呈大而疏松的绒毛状或棉絮状等特征。

三、器具材料

(1) 器材　显微镜，解剖针，接种环，镊子，载玻片，盖玻片，玻璃纸，酒精灯，平皿等。

(2) 培养基　马铃薯蔗糖琼脂培养基。

(3) 菌种　在马铃薯蔗糖琼脂平板上培养 $3\sim5d$ 的根霉 (*Rhizopus* spp.)，毛霉 (*Mucor* spp.)，青霉 (*Penicillium* spp.) 及曲霉 (*Aspergillus* spp.)。黑根霉 (＋) 和 (－) 各一管。

(4) 试剂及染色液　乳酸石炭酸棉蓝染色液，50％酒精。

四、操作步骤

(一) 霉菌菌落特征的观察

观察并描述根霉与毛霉、青霉与曲霉的菌落形态，菌落大小，局限生长或蔓延生长，菌落表面和反面颜色，基质的颜色变化，菌落的组织状态，棉絮状、网状或毡状，疏松或紧密，有无同心环纹或放射状皱褶。

(二) 霉菌个体形态的观察

1. 水浸片法

在干净载玻片上加棉蓝一滴，用解剖针挑取少许菌体 (或在培养皿盖上挑取少许根霉菌体)，放于载玻片上棉蓝染色液中，并将菌丝体分开，勿让它成团，加盖玻片 (注意不要产生气泡)。用滤纸吸去多余棉蓝液，用接种柄轻压盖玻片。在低倍镜或高倍镜下观察。

2. 毛霉和根霉培养与观察

采用玻璃纸法培养倒平板，涂布法接种，以无菌操作用镊子将无菌玻璃纸 (干热灭菌、大小似培养皿的盖) 贴在培养皿的盖内，倒置于 28℃培养 $3\sim5d$。

用上述水浸片法，剪取生长有毛霉及根霉玻璃纸翻转放于载玻片上棉蓝染色液中，加盖玻片，分别制片后在低倍和高倍镜下观察，注意菌丝有无分隔、孢子囊梗有无分枝、有无假根和葡萄枝、孢子囊及子囊孢子的形状等。

3. 青霉与曲霉培养观察

采用插片法培养青霉与曲霉，取生长有青霉及曲霉的盖玻片，分别用50％酒精冲洗盖玻片两面，用上述水浸片法，分别制片后在低倍镜和高倍镜下观察菌丝有无分隔，分生孢子梗有无分枝，帚状枝的形状，小梗、梗基的分枝和排列特点，顶囊的形状与小梗的列数，分生孢子的形状、大小与颜色。观察顶囊时，可用50％酒精反复冲洗，去掉覆盖的大量孢子，使顶囊显示出来。

（三）根霉接合孢子的培养及观察

接合孢子是一种有性生殖孢子，由两条菌丝特化的配子囊接合而成。有的同宗结合，有的异宗结合。根霉的结合孢子属于异宗结合，其培养方法如下：

（1）将马铃薯蔗糖琼脂培养基熔化后倒入3套灭菌培养皿中，（每皿10～15mL）并平置于桌面，使其冷却凝固，制成平板。在无菌操作下，再分别平贴一张灭菌玻璃纸在平板上。

（2）将黑根霉（＋）及（－）两菌株的孢子各接种一环于一个培养皿中，置25～28℃，培养3～5d，取出。

（3）将第3皿平板的玻璃纸分成两半，左右两边分别接种黑根霉（＋）及（－）两菌，置25～28℃培养5d后，取出观察，先剪取小块玻璃纸贴放在载玻片上，置低倍镜下观察接合孢子和配子囊的形状。

（四）根霉假根的制备

1. 制备平板

将马铃薯培养基熔化后，冷却到45℃，以无菌操作倒15mL培养基于灭菌培养皿内，凝固待用。

2. 点种

用接种环或针经灼烧灭菌后，在斜面菌种的培养基中冷却后，挑取黑根霉孢子，点接在培养基表面上1～2点，也可在培养皿的盖中央放一块灭菌载玻片。

3. 恒温培养

倒置在28℃培养箱中，培养3d左右，这时菌丝已倒挂成胡须状，并且有不少菌丝接触到载玻片上，已在载玻片上分化出许多假根。

4. 结果观察

（1）不放载玻片的培养皿，直接将培养皿盖置低倍镜下观察。

（2）有载玻片的培养皿，可取出载玻片，将它放在显微镜下观察。观察假根，假根形状，假根上分化出来的孢子囊梗，孢子束等菌丝。

五、作业与思考题

1. 绘出青霉、根霉、毛霉、曲霉的个体形态及根霉接合孢子的形态图。

2. 将本次实验结果填入表2-1

表 2-1　四种霉菌菌落特征

菌种	菌 落 特 征			个体形态区别
	大小	颜色	组织形状	
毛霉				
根霉				
青霉				
曲霉				

3. 在显微镜下，细菌、放线菌、酵母菌和霉菌的主要区别是什么？

实验七　微生物的培养特征的观察

一、目的要求

了解不同微生物在斜面、平板、液体和半固体培养基的培养特征；观察细菌、酵母菌、放线菌和霉菌四大类微生物的菌落特征；掌握识别方法，进一步熟练掌握微生物的无菌操作接种技术。

二、基本原理

微生物的培养特征是指微生物培养在培养基上表现出的群体形态和生长情况。一般可用斜面、平板、液体和半固体培养基检验不同微生物的培养特征。它们培养在斜面培养基上可呈丝线状、刺毛状、串珠状、扩展状、树枝状或假根状（图 2-8）。在平板培养基上可呈圆形、不规则形、菌丝体状、假根状等（图 2-9）。生长在液体培养基内可呈浑浊、絮状、黏液状、形成菌膜、上层清晰而底部显沉淀状（图 2-10）。

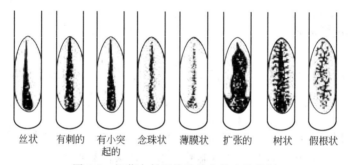

丝状　有刺的　有小突起的　念珠状　薄膜状　扩张的　树状　假根状

图 2-8　细菌在斜面接种线上的生长特征

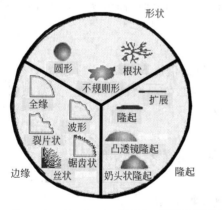
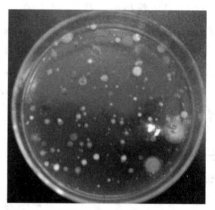

图 2-9　细菌在平板培养基上的菌落特征

穿刺培养在半固体培养基中，可以沿接种线向四周蔓延，或仅沿线生长，也可上层生长得好，甚至连成一片，底部很少生长，或底部长得好，上层甚至不生长（图 2-11）。微生物的培养特征可以作为其种类鉴定和识别纯培养是否污染的参考。

区分和识别各大类微生物包括菌落特征和个体形态的观察。每一类微生物都有其独特的细胞形态，在一定的培养条件下都有各自的菌落特征，形态、大小、色泽、透明度、致密

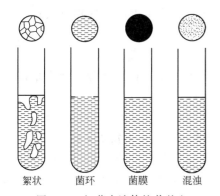

图 2-10　细菌在液体培养基上
的培养特征

絮状　　菌环　　菌膜　　混浊

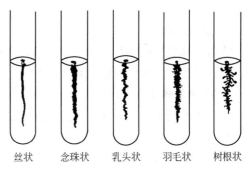

图 2-11　细菌在半固体穿刺时
的生长特征

丝状　　念珠状　　乳头状　　羽毛状　　树根状

度、边缘情况等都有明显差异。

细菌菌落较小、较薄、较透明，质地均匀，湿润，黏稠，表面光滑，易挑起，常产生不同的色素，菌落正反面和边缘与中央的颜色一致。有鞭毛的菌落大而扁平，边缘不圆整。无鞭毛的细菌菌落较小，突起，边缘光滑。有荚膜的菌落黏稠、光滑、透明，呈鼻涕状。有芽孢的细菌菌落不透明，表面较粗糙。细菌菌落常有酸味或腐臭味。

酵母菌菌落较大，较厚，稍透明，较湿润，质地均匀，黏稠，表面较光滑，易挑起。一般为乳白色，少数为红色，个别为黑色。常有酒香味。

放线菌菌落较小，质地致密，干燥，不透明，粉末状，不易挑起，有不同颜色和泥腥味。菌落的正反面和边缘与中央有不同的构造和颜色，菌落中央菌龄长，颜色深。

由于霉菌的菌丝较粗而长，因而霉菌菌落较大，有的菌丝蔓延没有局限性，其菌落可扩展到整个培养皿，有的种有一定的局限性。菌落质地一般比放线菌疏松，外观干燥，不透明，呈现或紧或松的绒毛状、棉絮状，不易挑起，有各种不同的颜色。菌落的正反面及边缘与中心的颜色不一致，菌落中心颜色深。

根据这些特征就能识别四大类微生物。此法简便快捷，在科研和生产中常被采用。

三、器具材料

（1）器材　吸管，培养皿，接种环，接种针，酒精灯，电热恒温培养箱，格尺等。

（2）培养基　营养琼脂培养基，马铃薯蔗糖培养基，高氏Ⅰ号培养基，麦芽汁培养基。

（3）菌种

① 细菌　枯草芽孢杆菌（*Bacillus subtilis*），大肠杆菌（*Escherichia coli*），金黄色葡萄球菌（*Staphyloccocus aureus*），蕈状芽孢杆菌（*Bacillus mycoides*），黏质沙雷菌（*Serratia marcescens*）。

② 酵母菌　酿酒酵母（*Saccharomyces cereviviae*），黏红酵母（*Rhodotorula glutinis*），解脂假丝酵母（*andida lipolytica*）。

③ 霉菌　黑曲霉（*Aspergillus niger*），产黄青霉（*Penillium chrysogenum*），白地霉（*Geotrichum candidum*）。

④ 放线菌　细黄链霉菌（*Streptomyces microflavus*），灰色链霉菌（*Streptomyces griseus*）。

四、操作步骤

1. 制备平板

将已熔化的无菌培养基待冷至 50℃ 左右倒入平皿 12～15mL，凝固后使用（用记号笔标记）。

2. 接种已知菌

选取一株已知的细菌、放线菌、酵母菌、霉菌，经平板划线、斜面接种、液态培养接种、穿刺接种将其接到对应的培养基内。

3. 接种未知菌

分别用不同平板培养基，以空气暴露法或土壤稀释液涂布法制成未知菌平板。

4. 培养

将已经接种的平板、斜面、液体和半固体培养基等放置于适温培养箱中，细菌、酵母菌培养 1～3d，霉菌和放线菌培养 3～7d，取出观察结果。

5. 结果观察

（1）平板培养　菌落观察除用肉眼外还可用放大镜、低倍显微镜检查。特征描述从以下几个方面进行。

① 菌落大小　菌落大小用 mm 表示。细菌菌落一般不足 1mm 者为露滴状菌落，1～2mm 者为小菌落，2～4mm 者为中等大小菌落，大于 4mm 者为大菌落。用游标卡尺测定。

② 菌落形状　菌落的形状有圆形、不规则形、根形、葡萄叶形等。

③ 边缘状况　菌落边缘有整齐、锯齿状、网状、树叶状、虫蚀状、放射状等。

④ 表面状态　细菌表面平滑、粗糙、皱襞状、漩涡状、荷包蛋状，甚至有子菌落等。

⑤ 隆起度　表面有隆起、轻度隆起、中央隆起，也有陷凹、脐状、乳头状等。

⑥ 颜色及透明度　菌落有无色、灰白色，有的能产生各种色素，菌落是否有光泽、透明、半透明、不透明。

⑦ 菌落质地　黏液状、膜状、干燥或湿润等。

（2）液体培养　细菌液体培养特征观察注意其浑浊度、沉淀物、菌膜、菌环和颜色。

五、作业与思考题

1. 详细描述试验中各微生物在斜面、平板、液体和半固体培养基中的培养特征。并将平板菌落填表 2-2 和表 2-3 中。

表 2-2　已知菌菌落的形态特征记录

微生物类群	菌名	大小	厚薄	疏密	干湿	表面	边缘	隆起形状	颜色			透明度
									正面	反面	溶解性	
细菌	大肠杆菌											
	金黄色葡萄球菌											
	枯草芽孢杆菌											
酵母菌	酿酒酵母											
	黏红酵母											
	解脂假丝酵母											
放线菌	细黄链霉菌											
	灰色链霉菌											
霉菌	产黄青霉											
	黑曲霉											

表 2-3　未知菌菌落的形态特征记录

| 菌落号 | 大小 | 厚薄 | 疏密 | 干湿 | 表面 | 边缘 | 隆起形状 | 颜色 | | | 透明度 | 判断结果 |
								正面	反面	溶解性		
1												
2												
3												
4												
5												
6												
7												
8												

2．具有鞭毛、荚膜或芽孢的细菌在它们形成菌落时，一般会出现哪些相应特征？

3．四大类微生物的菌落特征有何异同？为什么？

4．从微生物菌落特征区分四大类微生物有何实践意义？

实验八 噬菌体培养与噬菌斑的观察

一、目的要求

学习掌握噬菌体的培养与噬菌斑观察的方法；以便判断生产中噬菌体对发酵产品的污染。

二、基本原理

噬菌体是侵染细菌和放线菌的病毒，个体很小，一般光学显微镜看不见。但噬菌体缺乏独立代谢的酶体系，必须寄生依赖于正在繁殖阶段的活细胞繁殖，而在死的、衰老的、处于休眠状态的细胞中或在人工培养基上均不能繁殖，而且其寄生具有高度的专一性，还可导致寄主细胞裂解，而使细菌菌液由浑浊液变为澄清，或在含寄主细菌的固体培养基上出现肉眼可见的透明空斑（噬菌斑见图 2-12）等现象。因而可借此来判断环境及发酵食品生产中噬菌体的存在与否。

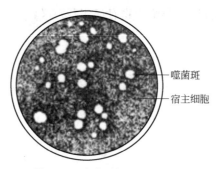

图 2-12 琼脂平板上的噬菌斑

三、器具材料

（1）器材 恒温培养箱，灭菌培养皿，灭菌载玻片，灭菌吸管，恒温水浴箱，手持放大镜，显微镜，离心机，无菌水。

（2）培养基 含 2%琼脂的乳酸菌培养基，含 1%琼脂的乳酸菌培养基（锥形瓶装均灭菌备用），试管装无菌乳酸菌液体培养基 4 支。

（3）菌种 德氏乳酸杆菌（*L. delbrueckii*）。

（4）被测样品 感染噬菌体的乳酸发酵液。

四、操作方法

1. 样品的采取与制备

（1）液体样品（乳酸生产车间取噬菌体污染可疑的乳酸发酵液） 取样液 1000mL，用 10000r/min 的速度离心 10min，除去杂菌，留上清液备用。

（2）固体样品（生产场地土或细菌杀虫剂） 取 1～2g 固体样品放入 5～10mL 无菌水内，充分混匀，制成悬涂液，然后按上述方法离心取上清液备用。

（3）设备或容器表面检测噬菌体 用灭菌棉签用力地擦拭被测设备或容器的表面，然后将棉签放入 4～10mL 无菌水内充分洗脱，以此液体作为分离样品。

（4）空气中的噬菌体检测 用真空泵抽引或特制空气采样器，使空气进入培养基内，经此捕集的培养基即可作为分离检测样品，而在噬菌体密度高的位点，只要将长了菌的平皿打开，在空气中暴露 30～60min 即可。

2．分离检测步骤

（1）寄生细胞的培养　取乳酸菌培养液试管 2 支，接种德氏乳酸杆菌，于 45℃ 培养 24h，培养液浑浊且液面无菌膜，摇动时液内出现波动丝状物即可。

（2）样品中噬菌体繁殖　将含噬菌体的样品液接入上述培养 24h 的德氏乳酸杆菌培养液内，其中的 1 支试管于 30～32℃ 培养，由于德氏乳酸杆菌被噬菌体裂解，使菌液的浑浊程度逐渐下降，这时噬菌体的数目不断增加，用此作为噬菌体悬浮液。

（3）将已熔化并冷却至 45～50℃ 的含 2％ 琼脂乳酸菌培养基，倾入无菌培养皿内铺成平板（每皿 10mL），作为底层待用。

（4）用无菌干净空试管取经繁殖培养的含噬菌体的样品悬液 0.1mL 及另一支试管内寄主细胞培养液 0.2mL，与熔化并冷却至 45℃ 的含 1％ 琼脂的乳酸菌培养基 3～6mL 混匀，立即倒在底层平板的表面铺平。

（5）待凝固后置 30～32℃ 下培养 18～24h，即可观察结果。

（6）结果观察　若样品中有噬菌体存在，则经培养后的上层琼脂板面出现透亮无菌的圆形或近圆形空斑，称为噬菌斑。

五、作业与思考题

1．绘图表示噬菌斑形状。

2．哪些因素可决定噬菌斑的大小？

3．能否直接用培养基培养检测噬菌体？为什么？

实验九　培养基的配制与灭菌方法

一、目的要求

了解微生物培养基的配制原理和热力灭菌原理；掌握配制培养基的一般方法和步骤；掌握高压蒸汽湿热灭菌的方法和操作；掌握斜面培养基制备及倒平板技术，学习过滤除菌的方法和步骤。

二、基本原理

培养基是人工配制的适合微生物生长繁殖或积累代谢产物的营养基质，用以培养、分离、鉴定、保存各种微生物或积累代谢产物等。培养基的种类繁多，配方各异。以培养基的成分，可分为天然培养基、合成培养基和半合成培养基；以培养基的物理状态，可分为固体培养基、液体培养基和半固体培养基；以培养基的用途，可分为选择性培养基、鉴别性培养基、基础培养基等。虽然培养基种类繁多，配方各异，但是配制培养基的营养要素主要有碳源、氮源、能源、无机盐、生长因素和水六大类，其配制步骤也大致相同，主要包括器皿的洗涤、包扎与灭菌，培养基的配制与分装，棉塞的制作，培养基的灭菌，斜面与平板的制备以及培养基的无菌检查等。

灭菌是指杀灭一切微生物的营养体、芽孢和孢子。在微生物实验中，需要进行纯培养，不能有任何杂菌污染，因此对所有器材、培养基和工作场所都要进行严格的消毒和灭菌。消毒与灭菌的方法很多，一般可分为加热、过滤、照射和使用化学药品等方法。以下主要介绍高压蒸汽灭菌和过滤除菌等方法。

(1) 高压蒸汽灭菌法　是湿热灭菌最常用，效果最好的方法。通常，在一个大气压下，蒸汽的温度只能达到100℃，当加压时，随压力的增高温度也上升到100℃以上，根据这一原理设计了高压蒸汽灭菌锅，有手提式、卧式和立式等，有手动、半自动和全自动等。高压蒸汽灭菌锅是一个密闭的耐高压高温的金属容器，具有严密的盖，容器内的蒸汽不能漏出。由于连续加热，蒸汽不断增加，因而灭菌器内的压力逐渐增大，同时也使容器内的温度随压力而升高。使用高压灭菌器进行灭菌时，当压力上升到 $2lbf/in^2$ 或 $3lbf/in^2$[1]（不得超过 $5lbf/in^2$）时，须缓缓打开气门，排除器内的冷空气，然后再关上气门，使器内的压力再度升高，按规定要求进行灭菌。若冷空气排不干净时，则压力虽达规定数字，而其内温度却实际不足，会影响灭菌的效果。各种培养基、溶液、玻璃器皿、金属器械、工作服、橡胶用品等均可用高压灭菌器灭菌。一般培养基用 0.1MPa（相当于 $15lbf/in^2$ 或 $1.05kgf/cm^2$），121.5℃，15～30min 可达到彻底灭菌的目的。灭菌的温度及维持的时间随灭菌物品的性质和容量等具体情况而有所改变。例如含糖培养基用 0.06MPa（$8lbf/in^2$ 或 $0.59kgf/cm^2$）112.6℃灭菌，然后以无菌操作手续加入灭菌的糖溶液。又如盛于试管内的培养基以 0.1MPa，121.5℃灭菌 20min 即可，而盛于大瓶内的培养基最好以 0.1MPa，121℃灭菌 30min。在同一温度下，湿热的杀菌效力比干热大，因此灭菌时间比干热灭菌时间短。

(2) 过滤除菌　过滤除菌是通过机械作用滤去液体或气体中细菌的方法。根据不同的需要选用不同的滤器和滤板材料。微孔滤膜过滤器是将各种微生物阻留在微孔滤膜上面，从而

---

[1] $1lbf/in^2 = 6894.76Pa$。

达到除菌的目的。根据待除菌溶液量的多少，可选用不同大小的滤器。此法除菌的最大优点是可以不破坏溶液中各种物质的化学成分，但由于滤量有限，所以一般只适用于实验室中小量溶液的过滤除菌。

三、器具材料

（1）培养基　营养琼脂培养基。

（2）仪器及其他用品　试管，培养皿，锥形瓶，烧杯，量筒，玻璃棒，天平，牛角匙，pH 试纸，棉花，纱布，牛皮纸，记号笔，线绳，纱布，漏斗，漏斗架，胶管，止水夹，牛皮纸，手提式高压蒸汽灭菌锅，不锈钢或塑料滤膜过滤器，滤膜，真空泵，滤液收集瓶或抽滤瓶，10mL 注射器，压力胶管，灭菌吸管，有孔橡胶塞，弹簧夹，小镊子等。

四、操作步骤

（一）培养基的配制

1. 称量

按配方计算实际用量后，称取各种药品。牛肉膏常用玻璃棒挑取，放在小烧杯或表面皿中称量，用热水溶化后倒入烧杯，也可放在称量纸上称量，随后放入热水中，待牛肉膏完全溶解后，立即取出称量纸片。蛋白胨极易吸潮，故称量时要迅速。

2. 溶化

在烧杯中加入少于所需要的水量，放置在电热套上，小火加热，并用玻棒搅拌，待药品完全溶解后，再补充水分至所需量。若配制固体培养基，则将称好的琼脂放入已溶解的药品中，加热融化，最后补足所失的水分。

3. 调 pH

检测培养基的 pH，若 pH 偏酸性，可滴加 1mol/L NaOH，边加边搅拌，并随时用 pH 试纸检测，直至达到所需 pH 范围；若偏碱性，则用 1mol/L HCl 进行调节。pH 的调节通常放在加琼脂之前。应注意 pH 值不要调过，以免回调而影响培养基内各离子的浓度。

4. 过滤

液体培养基可用滤纸过滤，固体培养基可用 4 层纱布趁热过滤，以利于培养的观察。但是，供一般使用的培养基，这步也可省略。

5. 分装

按实验要求，可将配制的培养基分装入试管或锥形瓶或培养皿内。分装时可用漏斗，以免使培养基沾在管口或瓶口上而造成污染。分装时固体培养基约为试管高度的 1/5，灭菌后制成斜面，半固体培养基以试管高度的 1/3 为宜，灭菌后垂直待凝。分装入锥形瓶内的培养基，以不超过其容积的一半为宜。

6. 加棉塞

试管口和锥形瓶口塞上用普通棉花（非脱脂棉）制作的棉塞。棉塞的形状、大小和松紧度要合适，四周紧贴管壁，不留缝隙，才能起到防止杂菌侵入和有利通气的作用。有些微生物需要更好的通气，则可用纱布做的通气塞。有时也可用试管帽或塑料塞等代替棉塞。

7. 包扎

加塞后，将锥形瓶的棉塞外包一层牛皮纸，以防灭菌时冷凝水沾湿棉塞。若培养基分装于试管中，则应以 5 支或 7 支在一起，再于棉塞外包一层牛皮纸，用绳扎好，然后用记号笔注明培养基名称、组别、日期等。

8. 灭菌

将上述培养基于121℃，湿热灭菌20min。如因特殊情况不能及时灭菌，应放入冰箱内暂存。

9. 摆斜面

灭菌后，如需要摆斜面时，可按图2-13所示操作。即：将灭菌的试管培养基冷至55℃左右（以防斜面冷凝水太多），将试管口端搁在移液管或其他合适高度的器具上，搁置的斜面长度以不超过试管总长的1/2为宜。

10. 倒平板

灭菌后，如需要倒平板时，可按图2-14所示操作。即：培养基冷至55℃左右时，右手持装有培养基的锥形瓶，用左手将瓶塞取出，瓶口对着火焰，左手持培养皿将皿盖在火焰旁打开一缝，迅速倒入培养基约15mL，加盖，轻轻晃动培养皿，使培养基均匀分布在培养皿底部，然后平置于桌面上，冷凝后即为平板。

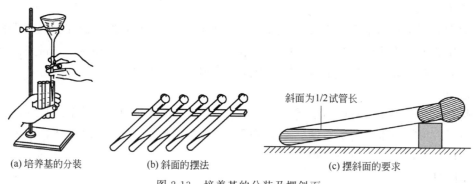

(a) 培养基的分装　　　(b) 斜面的摆法　　　(c) 摆斜面的要求

图2-13　培养基的分装及摆斜面

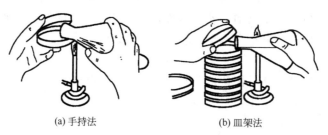

(a) 手持法　　　(b) 皿架法

图2-14　倒平板的方法

11. 无菌检查

将灭菌的培养基放入37℃温箱中培养24～48h，无菌生长即可使用，或贮存于冰箱或清洁的橱内，备用。

（二）灭菌方法

1. 高压蒸汽灭菌法

以手提式高压蒸汽灭菌锅（图2-15）为例，说明其操作步骤。

（1）加水　打开灭菌锅盖，加水适量。一般加至与支架圈平行即可。加水不足，锅容易烧干，造成短路。因此，每次灭菌时，水一定要加足量。

（2）装灭菌物品　放置灭菌物品时，注意物品不能过于密集，否则会影响灭菌效果。

（3）加盖密封　将盖上的软管插入灭菌桶的槽内，使锅内冷空气由下而上排除，将锅盖旋到灭菌锅正上方密封处，注意锅盖用手提着缓慢旋至正上方，不要触及密封圈，以防造成密封圈破损，也不要将锅盖旋得太高，否则锅盖无法归位至正上方。上下螺栓口对齐，用对

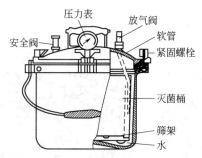

图 2-15　手提式高压蒸气灭菌锅示意图

角方式均匀旋转拧紧螺栓，使灭菌锅保持密封。

（4）加热灭菌　打开电源，加热，打开放气阀，关闭安全阀。锅内水开后，待有大量白色蒸汽产生时，排气 3～5min，以除尽锅内的冷空气。然后关闭放气阀，按预先确定的灭菌温度和时间，维持。达到规定时间后，关闭电源，停止加热。

（5）降压、取出物品　待压力降至"0"时，打开排气阀，气体排尽后，开盖取物。注意：压力一定要降到"0"时，才能打开排气阀开盖取物。否则就会因锅内压力突然下降，使容器内的培养基由于内外压力不平衡而冲出烧瓶口或试管口，造成棉塞沾染培养基而发生污染，甚至灼伤操作者。物品取出后，若要摆斜面，则要趁热摆放；若要倒平板，也要趁热进行，若有试管、培养皿、移液管等则需要烘干或晾干后使用。

（6）清理　灭菌结束后需要将锅内的水清除干净，保持锅内干燥，使用时再加水。若连续灭菌，每次需要补水。

2. 过滤除菌法

过滤除菌主要采用微孔滤膜除菌，常用的装置有抽滤式和注射式两种（图 2-16），薄膜细菌过滤器其操作过程如下。

（1）清洗　新的滤器应在流水中彻底冲洗，滤膜不用清洗。如果是玻璃滤菌器，应先放在 1∶100 盐酸中浸泡数小时，再用流水洗涤。如滤过物是含传染性的物质，应先将滤器浸泡于 2% 石炭酸溶液中，2h 后再行洗涤。

（2）灭菌　清洗干净晾干后的滤菌器，插入瓶口安装有橡皮塞的抽滤瓶内，在抽滤瓶与橡皮管连接的抽气口中装上棉花，抽滤瓶口用纱布和牛皮纸包扎，将滤膜放于盛有蒸馏水的锥形瓶中单独灭菌，也可放在滤器的筛板上，旋转拧紧螺栓后与滤器一起灭菌。收集滤液的试管或锥形瓶、小镊子单独用牛皮纸包好，另外还需准备一支 10mL 注射器，用纱布及牛皮纸包好。上述物品 115℃ 灭菌 1h，烘干备用。

（3）过滤除菌　用无菌注射器直接吸取待过滤的牛肉膏蛋白胨培养基或抗生素水溶液，在超净工作台上将此溶液注入不锈钢过滤器的上导管，溶液经滤膜、下导管慢慢流入无菌试管内 [图 2-16(a)]。若待过滤液体量大，需要连接抽滤瓶 [图 2-16(b)]。在超净工作台上以无菌操作用小镊子取出滤膜，安放在下节滤器筛板上，旋转拧紧上、下节滤器，将滤器与抽滤瓶连接，用抽滤瓶上的橡皮管和安全瓶上的橡皮管相连，两瓶间安装一个弹簧夹，最后将安全瓶接于电动抽气机上。将待过滤液注入滤菌器内，滤液收集瓶内压力逐渐减低，滤液渐渐流入滤液收集瓶（或抽滤瓶的无菌试管内）。待过滤结束后，再夹紧弹簧夹，然后关闭抽气装置（先使安全瓶与抽滤瓶间橡皮管脱离，防止空气倒流使滤液重新被污染）。在超净工作台上松动抽滤瓶口的橡皮塞，迅速将瓶中滤液倒入无菌的锥形瓶或无菌试管内。滤器用后应立即清洗干净。

（4）无菌检查　将移入无菌试管或收集瓶内的除菌滤液，取出数滴，接种于肉膏蛋白胨琼脂斜面，37℃，培养24h。若无菌生长，可保存于4℃冰箱，备用。

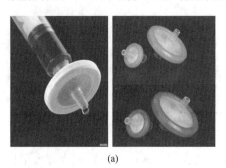 

(a)　　　　　　　　　　　　　　　　(b)

图 2-16　过滤除菌装置图

五、作业与思考题

1. 简述配制培养基的操作步骤。

2. 对自己所做的试管斜面和平板进行评价。

3. 对血清、氨基酸溶液、维生素溶液、抗生素溶液等不能进行高压蒸汽灭菌的物品，应采用何种方法除菌？

4. 简述高压蒸汽湿热灭菌和过滤除菌的原理及操作要点。

5. 如何检查灭菌后的培养基是否无菌？

实验十　微生物细胞大小的测量

一、目的要求

了解微生物细胞大小测定的意义；掌握好微生物细胞大小的测量方法。

二、基本原理

微生物细胞的大小，是微生物重要的形态特征之一。由于菌体微小，只能在显微镜下来测量。用来测量微生物细胞大小的工具有目镜测微尺和镜台测微尺（图 2-17）。

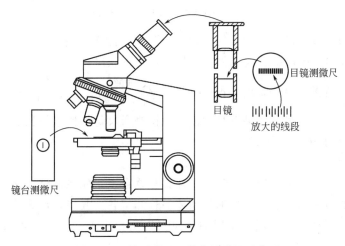

图 2-17　目镜测微尺和镜台测微尺及装置

目镜测微尺是一块圆形玻片，在玻片中央有一条把 5mm 长等分为 50 刻度或把 10mm 长度刻成 100 等分的尺子。测量时，将其放置在目镜中的隔板来测量镜台上经显微镜放大后的菌体细胞物像的大小。由于不同的显微镜放大倍数不同，同一显微镜在不同的目镜、物镜组合下，其放大倍数也不同。故目镜测微尺每格实际表示的长度随显微镜放大倍数的不同而异。因目镜测微尺上的刻度只是代表相对长度，所以在使用前须用镜台测微尺校正，以求得在一定放大倍数下实际测量时每格代表的长度。镜台测微尺是一块载玻片中央刻有一条长为 1mm 精确等分为 100 格，每格长 $10\mu m$（即 0.01mm）的尺子，其上镶有一圆形玻片。因每格长度固定不变，是专用于校正目镜测微尺每格长度的，即可用镜台测微尺的已知长度在一定放大倍数下，可求出目镜测微尺每格所代表的实际长度。

三、器具材料

（1）器材　显微镜，目镜测微尺，镜台测微尺，盖玻片，载玻片，滴管。

（2）菌种　枯草杆菌染色标本片，啤酒酵母菌培养液。

四、操作方法

（一）目镜测微尺的校准

将目镜测微尺装入接目镜的隔板上，刻度面朝上。把镜台测微尺置于载物台上，使刻度面朝上。先用低倍镜观察，调准焦距，视野中看清镜台测微尺的刻度后，转动目镜，使目镜测微尺与镜台测微尺的刻度平行，移动载物台推动器，使两尺靠近，再使两尺上的"0"刻度完全重合，定位后，仔细寻找两尺子第二个完全重合的刻度（图 2-18），计数两重合刻度

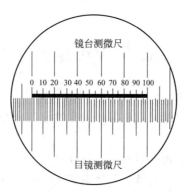

图 2-18　用镜台测微尺校正目镜测微尺

之间目镜测微尺的格数和镜台测微尺的格数。因为镜台测微尺的刻度每格长 $10\mu m$，所以由下列公式就可以算出所校准的目镜测微尺每格所代表的长度。

$$目镜测微尺每格长度(\mu m) = \frac{两重合线间镜台测微尺格数 \times 10\mu m}{两重合线间目测微尺格数}$$

用同上方法，分别校正高倍镜下和油镜下目镜测微尺每格代表的长度。

（二）微生物细胞大小的测定

1. 细菌大小的测定

取下镜台测微尺，将枯草杆菌染色标本片置载物台上，先在低倍镜和高倍镜下找到目的物，然后在油镜下用目镜测微尺测量菌体的长和宽各占几格，计算其实际大小。例如目镜测微尺在显微镜下经过校准后，使用油镜时，每格相当于 $1.3\mu m$，如果量得菌体的长度相当于目镜测微尺的 2 格，则菌体长度应为 $1.3\mu m \times 2 = 2.6\mu m$。

2. 酵母菌大小的测定

取啤酒酵母菌液制作水浸片，同上法在高倍镜下测量酵母细胞的大小（长和宽）。

一般在测定微生物细胞大小时，通常测量 10～20 个菌体，求出其平均值，即可代表该菌体的大小。

注意：因每台显微镜的放大倍数不同，因此，校准目镜测微尺必须针对所使用的显微镜及其附件（接目镜、接物镜、镜筒长度等）进行，当更换不同放大倍数的目镜和物镜时，必须重新校准目镜测微尺的每一格所代表的长度。用高倍镜测量酵母细胞大小时，宜将聚光器适当下降、虹彩光圈关小，以适当减弱光照强度，看得更清楚。

五、作业与思考题

1. 计算出所测定的枯草杆菌的酵母菌菌体细胞的大小。

2. 为什么目镜测微尺必须用镜台测微尺校准？

3. 测量细菌和酵母菌大小时，在显微镜使用方法上有何不同？

实验十一 微生物细胞数量的直接计数法

一、目的要求

了解血细胞计数板的构造、计数原理和计数方法；用显微镜直接测定微生物总细胞数。

二、基本原理

测定微生物细胞数量的方法很多，通常采用的有显微直接计数法和稀释平板计数法。

直接计数法适用于各种单细胞菌体的纯培养悬浮液，在显微镜下直接计数测定。它观察在一定的容积中的微生物的个体数目，然后推算出含菌数，包括死活细胞均被计算在内，这样得出的结果往往偏高。

这种方法常用于形态个体较大的菌体或孢子。菌体较大的酵母菌或霉菌孢子可采用血细胞计数板，一般细菌则采用彼得罗夫·霍泽（Petrof Hausser）细菌计数板。两种计数板的原理和部件相同，只是细菌计数板较薄，用油镜观察。而血细胞计数板较厚，用高倍镜观察。

血细胞计数板是一块特制的厚型载玻片（见图 2-19），载玻片上有 4 条槽所构成的 3 个平台。中间的平台较宽，其中间又被一短横槽分隔成两半，每个半边上面各有一个计数区，计数区的刻度应有两种：一种是计数区分为 16 个大方格（大方格用三线隔开），而每个大方格又分成 25 个小方格，另一种是一个计数区分成 25 个大方格（大方格之间用双线分开），而每个大方格又分成 16 个小方格。它们都有一个共同特点，即计数区都由 400 个小方格组成。

计数区边长为 1mm，计数区的面积为 $1mm^2$，每个小方格的面积为 $1/400mm^2$。盖上盖玻片后，计数区的高度为 0.1mm，所以计数区的体积为 $0.1mm^3$，每个小方格的体积为 $1/4000mm^3$。

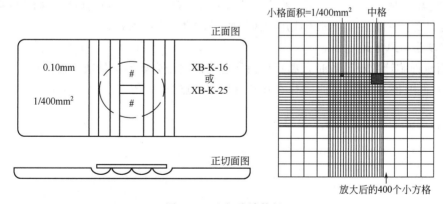

图 2-19 血细胞计数板

使用血细胞计数板计数时，先要测定每个小方格中微生物的数量，再换算成每 1mL 菌液（或每 1g 样品）中微生物细胞的数量。

三、器具材料

(1) 待测样品 酿酒酵母（*Saccharomyces cerevisiae*）斜面菌种或培养液。

(2) 器材 显微镜，血细胞计数板，血盖片（22mm×22mm），吸水纸，计数器，滴管，擦镜纸。

四、操作步骤

1. 菌悬液制备

视待测菌悬液浓度，加无菌水适量稀释（斜面一般稀释到 10^{-2}），以每小格为 5～10 个细胞为宜。

2. 加样品

取洁净干燥的血细胞计数板一块，在计数区上盖上一片血盖片。将菌悬液摇匀，用滴管吸取少许，从计数板中间平台两侧的沟槽内沿盖玻片的下边缘滴入一小滴（不宜过多），让菌悬液利用液体的表面张力充满计数区，勿使气泡产生，并用吸水纸吸去沟槽中流出的多余菌悬液。也可以将菌悬液直接滴加在计数区上，注意不要使计数区两边平台沾上菌悬液，以免加盖血盖片后，造成计数区深度的升高，然后加盖血盖片（勿使产生气泡）。

3. 显微镜计数

静置片刻，将血细胞计数板置载物台上夹稳，先在低倍镜下观察到计数区后，再转换高倍镜观察并计数。由于活细胞的折射率和水的折射率相近，观察时应适当关小孔径光阑并减弱光照的强度。计数时应不时调节焦距，才能观察到不同深度的菌体。

计数时若计数区是由 16 个大方格组成，按对角线方位，数左上、左下、右上、右下的 4 个大方格（即 100 小格）的菌数。如果是 25 个大方格组成的计数区，除数上述四个大方格外，还需数中央 1 个大方格的菌数（即 80 个小格）。如菌体位于大方格的双线上，计数时则数上线不数下线，数左线不数右线，以减少误差。

对于出芽的酵母菌，芽体达到母细胞大小一半时，即可作为两个菌体计算。每个样品重复计数 2～3 次（每次数值不应相差过大，否则应重新操作），求出每一个小格中细胞平均数（N），按下列公式计算出每 1mL（g）菌悬液所含的细胞数量。

每毫升菌液的菌数[个/mL(g)]＝每小格平均菌数(N)×4000×1000×稀释倍数

4. 清洗计数板

测数完毕，取下盖玻片，用水将血细胞计数板冲洗干净，切勿用硬物洗刷或抹擦，以免损坏网格刻度。洗净后自行晾干或用吹风机吹干，放入盒内保存。

五、作业与思考题

1. 用血细胞计数板计数时，哪些步骤易造成误差？应如何尽量减少误差？

2. 血细胞计数板测定原理是什么？它有哪些优点与缺点？

实验十二 微生物的分离、纯化与接种技术

一、目的要求

了解微生物分离和纯化的原理，并掌握常用的分离纯化微生物的方法；掌握几种微生物的接种技术；建立无菌操作的概念，掌握无菌操作的基本环节。

二、基本原理

从混杂微生物群体中获得只含有某一种或某一株微生物的过程称为微生物分离与纯化。平板分离法普遍用于微生物的分离与纯化，其基本原理是选择适合于分离微生物的生长条件，如营养成分、酸碱度、温度和氧等要求，或加入某种抑制剂造成只利于该微生物生长，而抑制其他微生物生长的环境，从而淘汰一些不需要的微生物。

微生物在固体培养基上生长形成的单个菌落，通常是由一个细胞繁殖而成的集合体。因此可通过挑取单菌落而获得纯培养。获取单个菌落的方法可通过稀释涂布平板或平板划线等技术完成。但要注意的是，从微生物群体中经分离生长在平板上的单个菌落并不一定保证是纯培养。纯培养的确定除观察其菌落特征外，还要结合显微镜检测个体形态特征，有些微生物的纯培养要经过一系列分离与纯化过程和多种特征鉴定才能得到。

将微生物的培养物或含有微生物的样品移植到培养基上的操作技术称之为接种。接种是微生物实验及其科学研究中的一项最基本的操作技术。无论微生物的分离、培养、纯化或鉴定以及有关微生物的形态观察及生理研究都必须进行接种。接种的关键是要严格地进行无菌操作，如操作不慎引起污染，则实验结果就不可靠，影响下一步工作的进行。

土壤是微生物生活的大本营，它所含微生物无论是数量还是种类都是极其丰富的，因此土壤是微生物多样性的重要场所，是发掘微生物资源的重要基地，可以从中分离、纯化得到许多有价值的菌株。本实验将采用不同的培养基从土壤中分离不同类型的微生物，并学习几种微生物的接种技术，掌握无菌操作的基本环节。

三、器具材料

（1）培养基 淀粉琼脂培养基（高氏Ⅰ号培养基），营养琼脂培养基，马丁琼脂培养基。

（2）溶液或试剂 10%苯酚液，盛9mL无菌水的试管，盛90mL无菌水并带有玻璃珠的锥形瓶。

（3）仪器或其他用具 无菌玻璃涂布棒，酒精灯，无菌吸管，接种环，接种针，无菌培养皿，链霉素和土样，试管架，培养箱等。

四、操作步骤

（一）微生物的分离、纯化技术

1. 稀释倾注平板法

（1）制备土壤稀释液 称取土样10g，放入盛90mL无菌水并带有玻璃珠的锥形瓶中，振摇约20min，使土样与水充分混合，将细胞分散。用一支1mL无菌吸管从中吸取1mL土壤悬液加入盛有9mL无菌水的大试管中充分混匀，然后用无菌吸管从此试管中吸取1mL加入另一盛有9mL无菌水的试管中，混合均匀，以此类推制成10^{-1}、10^{-2}、10^{-3}、10^{-4}、10^{-5}和10^{-6}不同稀释度的土壤溶液。注意：操作时管尖不能接触液面，每一个稀释度换一支试管。

（2）加样　分别精确吸取 $10^{-4} \sim 10^{-6}$ 各稀释度菌液 1.0mL 加入编好号的空无菌平皿中，同一稀释度重复做 3 个平皿（见图 2-20）。

（3）倒平板　将营养琼脂培养基、高氏Ⅰ号琼脂培养基、马丁琼脂培养基加热熔化待冷至 55～60℃时，高氏Ⅰ号琼脂培养基中加入重铬酸钾（终浓度为 50μg/mL），马丁培养基中加入链霉素溶液（终浓度为 30μg/mL），混合均匀后将培养基倒入上述各平皿内，轻轻旋转使培养基与菌悬液充分混匀，平置于桌面上，待凝固。

倒平板的方法：右手持盛培养基的试管或锥形瓶置火焰旁边，用左手将试管塞或瓶塞轻轻地拨出，试管或瓶口保持对着火焰，然后左手拿培养皿并将皿盖在火焰附近打开一缝，迅速倒入培养基约 15mL，合盖后轻轻水平摇动培养皿，使培养基均匀分布在培养皿底部，然后平置于桌面上，待凝后即为平板。

（4）培养　将高氏Ⅰ号培养基平板和马丁培养基平板倒置于 28℃±1℃ 温室中培养 3～5d，营养琼脂平板倒置于 36℃±1℃ 温室中培养 2d。观察平板上菌落生长和分布情况。

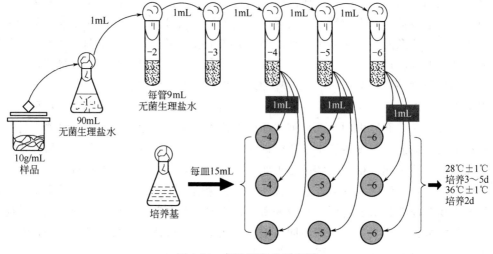

图 2-20　倾注平板法示意图

2. 稀释涂布平板法

（1）倒平板　加热熔化待冷至 55～60℃分别倒平板，每种培养基倒 3 个平皿。

（2）涂布　将上述每种培养基的 3 个平板底面分别用记号笔写上 10^{-4}、10^{-5} 和 10^{-6} 3 种稀释度，然后用无菌吸管分别由 10^{-4}、10^{-5} 和 10^{-6} 稀释液中各吸取 0.1mL，小心地滴在对应平板培养基表面中央位置。

右手拿无菌涂布棒平放在平板培养基表面上，将菌悬液先沿同心圆方向轻轻地向外扩展，使之分布均匀（图 2-21）。室温下静置 5～10min，使菌液渗入培养基。

（3）培养　涂布好的平板同上进行培养，观察平板上菌落生长和分布情况。

（4）挑菌落　将培养后长出的单个菌落分别挑取少许细胞接种到上述 3 种培养基斜面上，分别置 28℃±1℃ 和 36℃±1℃ 温室培养。若发现有杂菌，需再一次进行分离、纯化，直到获得纯培养。

3. 平板划线分离法

（1）倒平板　按稀释涂布平板法倒平板，并用记号笔标明培养基名称、土样编号和实验日期。

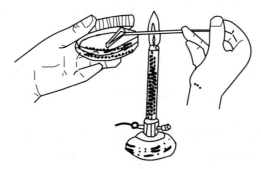

图 2-21　涂布平板法示意图

（2）划线　在近火焰处，左手拿皿底，右手拿接种环，挑取上述 10^{-1} 的土壤悬液一环在平板上划线。其目的是通过划线将样品在平板上进行稀释，使之形成单个菌落。常用的划线方法有下列两种。

① 用接种环以无菌操作挑取土壤悬液一环，先在平板培养基的一边作第一次平行划线 3～4 条，再转动培养皿约 $60°～70°$ 角，并将接种环上剩余物烧掉，待冷却后通过第一次划线部分作第二次平行划线，再用同样的方法通过第二次划线部分作第三次划线和通过第三次平行划线部分作第四次平行划线 ［图 2-22(a)］。

② 先以蘸有细菌悬液的接种环在平板的一区域左右划线，使该区域沾上一些细菌，然后烧掉环上剩下的细菌，待冷却后通过刚才划线的部分，在第二区域左右划线，同样的方法通过第二次划线部分作第三次划线，通过第三次划线部分作第四次划线 ［图 2-22(b)］。

划线时，注意接种环与平板表面约成 $20°～30°$ 角。划线完毕后，盖上培养皿盖，倒置于温室培养。

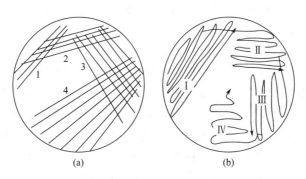

图 2-22　平板划线示意图

（3）挑菌落　同稀释涂布平板法，一直到分离的微生物认为纯化为止。

（二）微生物的接种技术

1. 斜面接种法

斜面接种法主要用于接种纯菌，使其增殖后用以鉴定或保存菌种。通常先从平板培养基上挑取分离的单个菌落或挑取斜面、肉汤中的纯培养物接种到斜面培养基上。操作应在无菌室、接种柜或超净工作台上进行，先点燃酒精灯。

将菌种斜面培养基（简称菌种管）与待接种的新鲜斜面培养基（简称接种管）持在左手拇指、食指、中指及无名指之间，菌种管在前，接种管在后，斜面向上管口对齐，应斜持试管约呈 $45°$ 角，并能清楚地看到两个试管的斜面，注意不要持成水平，以免管底凝集水浸湿培养基表面。以右手在火焰旁转动两管棉塞，使其松动，以便接种时易于取出。

右手持接种环柄，将接种环垂直放在火焰上灼烧。镍铬丝部分（环和丝）必须烧红，以达到灭菌目的，然后将除手柄部分的金属杆全用火焰灼烧一遍，尤其是接镍铬丝的螺口部分，要彻底灼烧以免灭菌不彻底。用右手的小指和手掌之间及无名指和小指之间拨出试管棉塞，将试管口在火焰上通过，以杀灭可能污染的微生物。棉塞应始终夹在手中如掉落应更换无菌棉塞。

将灼烧灭菌的接种环插入菌种管内，先接触无菌苔生长的培养基上，待冷却后再从斜面上刮取少许菌苔，接种环不能通过火焰，应在火焰旁迅速插入接种管。在试管中由下往上做S形划线。接种完毕，接种环应通过火焰抽出管口，并迅速塞上棉塞。再重新仔细灼烧接种环后，放回原处，并塞紧棉塞。将接种管做好标记再放入试管架，即可进行培养。

2. 平板接种法

操作同平板划线分离和涂布法。

3. 液体接种法

多用于液体进行增菌培养，也可用纯培养菌接种液体培养基进行生化试验，其操作方法与注意事项与斜面接种法基本相同，不同点为：

① 由斜面培养物接种至液体培养基时，用接种环从斜面上蘸取少许菌苔，接至液体培养基时应在管内靠近液面试管壁上将菌苔轻轻摩擦并轻轻振荡，或将接种环在液体内振摇几次即可。如接种霉菌菌种时，改用接种钩取菌。

② 由液体培养物接种液体培养基时，用接种环蘸取少许液体移至新液体培养基中即可。根据需要也可用吸管、滴管或注射器吸取培养液移至新液体培养基中即可。接种液体培养物时应特别注意勿使菌液溅在工作台上或其他器皿上，以免造成污染。如有溅污，可用酒精棉球灼烧灭菌后，再用消毒液擦净。凡吸过菌液的吸管或滴管，应立即放入盛有消毒液的容器内。

4. 固体曲料接种法

用菌液接种固体料，包括用菌苔刮洗制成的菌悬液和直接培养的种子发酵液。接种时按无菌操作将菌液用无菌吸管吸入或直接倒入固体料中，搅拌均匀。但要注意接种所用水容量要计算在固体料总加水量之内，否则会使接种后含水量加大，影响培养效果。

用固体种子接种固体料。包括用孢子粉、菌丝孢子混合种子菌或其他固体培养的种子菌。将种子菌于无菌条件下直接倒入或用无菌不锈钢勺量入无菌的固体料中即可，但必须充分搅拌使之混合均匀。一般是先把种子菌和少部分固体料混匀后再拌大堆料。

5. 穿刺接种法

此法多用于半固体培养基、醋酸铅培养基、三糖铁琼脂与明胶培养基的接种，操作方法与注意事项与斜面接种法基本相同。但必须使用垂直的接种针。

接种柱状高层或半高层斜面培养管时，应向培养基中心穿刺，一直插到接近管底，再沿原路抽出接种针（见图 2-23）。注意勿使接种针在培养基内左右移动，以使穿刺线整齐，便于观察生长结果。

五、作业与思考题

1. 为什么熔化后的培养基要冷却至 45℃ 左右才能倒平板？为什么要将培养皿倒置培养？

2. 所做涂布平板法、倾注平板法和划线法是否较好地得到了单菌落？如果不是，请分析其原因。

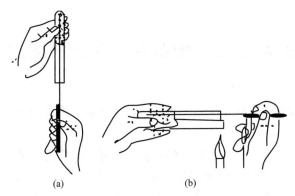

(a)   (b)

图 2-23 穿刺接种法

3. 如何确定平板上某单个菌落是否为纯培养？请写出实验的主要步骤。

4. 为什么高氏 I 号培养基和马丁培养基中要分别加入重铬酸钾和链霉素？如果用营养琼脂培养基分离一种对青霉素具有抗性的细菌，应如何做？

实验十三　细菌生长曲线的测定

一、目的要求

了解细菌生长曲线特点及测定原理；学习用比浊法测定细菌的生长曲线。

二、基本原理

将少量细菌接种到一定体积的、适合的新鲜培养基中，在适宜的条件下进行培养，定时测定培养液中的菌量，以菌量的对数作纵坐标，生长时间作横坐标，绘制的曲线叫生长曲线。它反映了单细胞微生物在一定环境条件下于液体培养时所表现出的群体生长规律。依据其生长速率的不同，一般可把生长曲线分为延缓期、对数期、稳定期和衰亡期。这四个时期的长短因菌种的遗传性、接种量和培养条件的不同而有所改变。因此通过测定微生物的生长曲线，可了解各菌的生长规律，对于科研和生产都具有重要的指导意义。

测定微生物的数量有多种不同的方法，可根据要求和实验室条件选用。本实验采用比浊法测定，由于细菌悬液的浓度与光密度（OD值）成正比，因此可利用分光光度计测定菌悬液的光密度来推知菌液的浓度，并将所测的OD值与其对应的培养时间作图，即可绘出该菌在一定条件下的生长曲线，此法快捷、简便。值得注意的是，由于光密度表示的是培养液中的总菌数，包括活菌与死菌，因此所测生长曲线的衰亡期不明显。从生长曲线我们可以算出细胞每分裂一次所需要的时间，即代时，以 G 表示。其计算公式为：

$$G = (t_2 - t_1)/[(\lg w_1 - \lg w_2)/\lg 2]$$

式中，t_1 和 t_2 为所取对数期两点的时间；w_1 和 w_2 分别为相应时间测得的细胞含量（g/L）或 OD。

三、器具材料

(1) 菌种　大肠杆菌（*Escherichia coil*）。

(2) 培养基　营养琼脂培养基。

(3) 仪器和器具　721分光光度计，比色杯，恒温摇床，无菌吸管，试管，锥形瓶。

四、操作步骤

1. 种子液制备

取大肠杆菌斜面菌种1支，以无菌操作挑取1环菌苔，接入营养肉汤培养液中，静止培养18h作种子培养液。

2. 标记编号

取盛有50mL无菌营养肉汤培养液的250mL锥形瓶12个，分别编号为0h、1.5h、3h、4h、6h、8h、10h、12h、14h、16h、18h、20h。

3. 接种培养

用2mL无菌吸管分别准确吸取2mL种子液加入已编号的11个锥形瓶中，于36℃±1℃下振荡培养。然后分别按对应时间将锥形瓶取出，立即放冰箱中贮存，待培养结束时一同测定OD值。

4. 生长量测定

将未接种的营养肉汤培养基倾倒入比色杯中，选用600nm波长分光光度计上调节零点，作为空白对照，并对不同时间培养液从0h起依次进行测定，对浓度大的菌悬液用未接种的营养肉汤液体培养基适当稀释后测定，使其 OD_{600} 值在 $0.10\sim0.65$ 以内，经稀释后测得的 OD 值要乘以稀释倍数，才是培养液实际的 OD_{600} 值。

5. 结果

（1）将测定的 OD_{600} 值填入表 2-4。

表 2-4　大肠杆菌的 OD_{600}

时间/h	0	1.5	3	4	6	8	10	12	14	16	18	20
光密度值（OD_{600}）												

（2）以上述表格中的时间为横坐标，OD_{600} 值为纵坐标，绘制大肠杆菌的生长曲线。

五、作业与思考题

1. 为什么可用比浊法来表示细菌的相对生长状况？

2. 根据实验结果，谈谈在工业上如何缩短发酵时间？

实验十四　用生长谱法测定微生物的营养要求

一、目的要求
学习用生长谱法测定微生物营养需要的基本原理和方法。

二、基本原理
为了使微生物生长、繁殖，必须供给所需要的碳源、氮源、无机盐、微量元素、生长因子等，如果缺少其中一种，微生物便不能生长。根据这一特性，可将微生物接种在缺少某种营养物的基本培养基中，倒成平板，再将所缺的待测营养物点植于平板上，经适温培养，该营养物便逐渐扩散于点植周围。该微生物若需要此种营养物，便在这种营养物扩散处生长繁殖，微生物繁殖之处便出现菌落，未点植营养物质的其他各处，则不出现菌落，故称此法为生长谱法。这种方法可以定性、定量地测定微生物对各种营养物质的需要，如碳源、氮源、维生素等。在微生物育种和营养缺陷型的鉴定中也常用此法。本实验利用无碳源基础培养基检测大肠杆菌对可利用糖的需求。

三、器具材料
（1）菌种　大肠杆菌（*Escherichia coil*）。

（2）培养基与试剂

① 基础培养基　硫酸铵 5.0g，磷酸二氢钾 1.0g，七水硫酸镁 0.5g，酵母膏 0.2g，琼脂 20g，蒸馏水 1000mL；121℃灭菌 20min。

② 糖溶液（所用糖样品为色谱纯）　10%葡萄糖，10%半乳糖，10%麦芽糖，10%蔗糖，10%乳糖，10%蜜二糖；105℃灭菌 20min。

（3）用具　无菌培养皿，酒精灯，接种针，记号笔等。

四、操作步骤
（1）将 3~5mL 无菌生理盐水加入至培养 24h 的大肠杆菌斜面中，洗下菌苔，离心 15min，加无菌生理盐水洗涤，再离心，最后加无菌生理盐水 20mL，制成菌悬液。

（2）取直径 12cm 的无菌培养皿两套各加入上述菌悬液 1mL，然后将熔化后冷至 50℃ 左右的基础培养基倾注于无菌培养皿中，摇匀，待充分凝固后，在平板底面用记号笔划分为六个区，记上欲滴加的各种糖的名称。

（3）用镊子将浸泡过各种糖的小圆滤纸片，分别放在培养基上对应的位置上。

（4）于 36℃±1℃培养箱中培养 18~24h，观察各种糖周围菌落生长情况以及菌落圈的大小。

五、作业与思考题
1. 报告大肠杆菌可利用和不利用的碳源。

2. 根据微生物生长谱法的基本原理和本次实验结果，设计大肠杆菌氮源需要的实验方案（培养基、供试氮源种类等）。

实验十五　物理、化学因素对微生物的影响

一、目的要求

了解某些物理因素、化学因素和生物因素影响微生物生长的原理，并掌握检验方法。观察各因素对微生物生长抑制的强弱。

二、基本原理

环境因素包括物理因素、化学因素和生物因素。当外界环境适宜时，微生物进行正常的生长、繁殖，不良的环境条件使微生物的生长受到抑制，甚至导致菌体的死亡。但是某些微生物产生的芽孢，对恶劣的环境条件有较强的抵抗能力。我们可以通过控制环境条件，使有害微生物的生长繁殖受到抑制，甚至被杀死，而对有益微生物，通过调节理化因素，使其得到良好的生长繁殖或产生有经济价值的代谢产物。

三、器具材料

(1) 菌种　大肠杆菌 (*Escherichia coil*)、枯草芽孢杆菌 (*Bacillus subtilis*)、金黄色葡萄球菌 (*Staphyloccocus aureus*)、丙酮丁醇梭状芽孢杆菌 (*Clostridium acetobutylicium*)、酿酒酵母 (*Saccharomyces cerevisiae*)。

(2) 培养基　营养琼脂培养基，豆芽汁葡萄糖培养基，营养肉汤培养基。

(3) 其他物品　培养皿，酒精灯，无菌圆滤纸片，镊子，无菌水，无菌滴管，水浴锅，紫外灯，黑纸，试管，接种针，温箱，刮铲，吸管，调温摇床，振荡器，游标尺，分光光度计。

75％乙醇，10％苯酚，30％甲醛，1％碘液，0.1％升汞，新洁尔灭，汞溴红 (红药水)，结晶紫液 (紫药水)，青霉素，链霉素，庆大霉素。

四、操作步骤

(一) 物理因素对微生物生长的影响

1. 氧气对微生物生长的影响

(1) 制备半固体培养基　依据培养基配方制作营养琼脂半固体培养基分装试管，每管装 7mL，灭菌备用。

(2) 接种与培养　取上述试管 7 支，用穿刺接种法分别接种枯草芽孢杆菌、大肠杆菌和丙酮丁醇梭状芽孢杆菌，每种菌接种 2 支试管培养基，剩余一支作为空白对照。注意：穿刺接种到上述培养基中时，必须穿刺到管底。在 36℃±1℃恒温箱中培养 48h。

(3) 观察结果　观察各菌株在培养基中生长的部位。

2. 温度对微生物生长的影响

(1) 配制培养基　分别配制营养琼脂培养液和豆芽汁葡萄糖培养液，分装试管，每管装 5mL 培养液，灭菌备用。

(2) 选择试验温度　取 16 支营养琼脂培养液试管和 8 支豆芽汁葡萄糖培养液试管，分别标明 20℃、28℃、37℃和 45℃四种温度，每种温度牛肉膏蛋白胨培养液 4 管、豆芽汁葡萄糖培养液 2 管。

(3) 接种与培养　营养琼脂培养液试管分别接入培养 18～20h 的大肠杆菌、枯草芽孢杆菌菌液 0.1mL，混匀，同样豆芽汁葡萄糖培养液试管接入培养 18～20h 的酿酒酵母菌液

0.1mL，混匀，每个处理设 2 个重复，并进行标记。放在标记温度下振荡培养 24h。

（4）观察结果　根据菌液的浑浊度判断大肠杆菌、枯草芽孢杆菌和酿酒酵母菌生长繁殖的最适温度。

3. 微生物对高温的抵抗力

（1）培养液试管编号　取 8 支牛肉膏蛋白胨培养液试管，按顺序从 1～8 编号。

（2）接种　其中 4 支（例如第 1、3、5、7 号）培养液试管中各接入培养 48h 的大肠杆菌的菌悬液 0.1mL，其余 4 支（第 2、4、6、8 号）培养液试管中各接入培养 48h 的枯草芽孢杆菌的菌悬液 0.1mL，混匀。

（3）高温水浴　将 8 支已接种的培养液试管同时放入 100℃水浴中，10min 后取出 1～4 号管，再过 10min 后，取出 5～8 号管。各管取出后立即用冷水冷却。

（4）培养　将各管置于其最适温度的培养箱中培养 24h。

（5）观察结果　依据菌株生长状况记录结果。以"－"表示不生长，"＋"表示生长，并以"＋"、"＋＋"、"＋＋＋"表示不同生长量。

4. 紫外线对微生物的影响

（1）标记培养基　取营养琼脂培养基平板 3 个，分别标明大肠杆菌、枯草芽孢杆菌、金黄色葡萄球菌等试验菌的名称。

（2）接种　分别用无菌吸管取培养 18～20h 的大肠杆菌、枯草芽孢杆菌和金黄色葡萄球菌菌液 0.1mL（或 2 滴），加在相应的平板上，再用无菌涂布棒涂布均匀。

（3）紫外线处理　打开培养皿盖，用无菌黑纸遮盖部分平板，置于预热 10～15min 后的紫外灯下，紫外线照射 20min 左右，取去黑纸，盖上皿盖。

（4）培养　在 36℃±1℃培养箱中培养 24h。

（5）观察结果　观察菌株生长分布状况，比较并记录 3 种菌对紫外线的抵抗能力。

（二）化学因素对微生物生长的影响

1. 化学药剂对微生物生长的影响

（1）配制菌悬液　取培养 18～20h 的大肠杆菌、枯草芽孢杆菌和金黄色葡萄球菌斜面各 1 支，分别加入 4mL 无菌水，用接种环将菌苔轻轻刮下、振荡，制成均匀的菌悬液，菌悬液浓度大约为 10^6CFU/mL。

（2）滴加菌样　首先取 3 个无菌培养皿，每种试验菌一皿，在皿底写明菌名及测试药品名称。然后分别用无菌滴管加 4 滴（或 0.2mL）菌液于相应的无菌培养皿中。

（3）制含菌平板　将熔化并冷却至 45～50℃的营养琼脂培养基倾入皿中约 12～15mL，迅速与菌液混匀，冷凝备用。

（4）化学药剂处理　用镊子取分别浸泡在 75％乙醇、10％苯酚、30％甲醛、1％碘液、0.1％升汞、新洁尔灭、汞溴红或结晶紫药品溶液中的小圆滤纸片各一张，置于同一含菌平板上。

（5）培养　片刻后，将平板倒置于 36℃±1℃恒温箱中，培养 24h。

（6）观察结果　观察抑菌圈，并记录抑菌圈的直径。

2. 不同 pH 对微生物生长的影响

（1）配制培养基　配制营养肉汤液体培养基、豆芽汁葡萄糖液体培养基，分别调 pH 至 3、5、7、9 和 11，每个 pH 值培养基 3 管，每管盛培养液 5mL，灭菌备用。

（2）配制菌悬液　取培养 18～20h 的大肠杆菌、酿酒酵母菌斜面各 1 支，加入无菌水

4mL，制成菌悬液。

（3）接种与培养　营养肉汤液体培养基中接种大肠杆菌液 1 滴（或 0.1mL）、摇匀，置 36℃±1℃ 恒温箱中培养 24h。豆芽汁葡萄糖液体培养基接种酿酒酵母菌液 1 滴（或 0.1mL），摇匀，置 28℃±1℃ 恒温箱中培养 24h。

（4）观察结果　根据菌液的浑浊程度判定微生物在不同 pH 下的生长情况。

3. 渗透压对微生物生长的影响

（1）倒平板　将含蔗糖量分别为 2%、10%、20%、40% 的营养琼脂培养基，以及含 NaCl 量分别为 0.85%、5%、10%、15%、25% 的营养琼脂培养基熔化，冷至 50℃ 左右倒平板，待凝固。

（2）接种　在已凝固的平皿背面用记号笔划成两半，一半划线接种大肠杆菌，另一半划线接种金黄色葡萄球菌。

（3）培养　于 36℃±1℃ 培养箱中倒置培养 48h，观察其生长情况。

（4）观察结果　记录大肠杆菌和金黄色葡萄球菌在含不同浓度的蔗糖和 NaCl 的培养基上的生长情况，"－"表示不生长，"＋"表示生长，并以"＋"、"＋＋"、"＋＋＋"表示不同生长量。

（三）生物因素对微生物生长的影响

1. 制含菌平板

分别制备含大肠杆菌和金黄色葡萄球菌的营养琼脂培养基平板 2 个。

2. 药剂处理

每个平板划分为 3 个等分区，做好记号后，在每个区内分别放上含青霉素、链霉素、庆大霉素的小圆滤纸片各一张。

3. 培养

倒置于 36℃±1℃ 培养箱培养 24h。

4. 观察结果

观察抑菌圈，记录抑菌圈的直径。并进行分析解释。

五、作业与思考题

1. 上述多个试验的原理分别是什么？

2. 通过实验说明芽孢的存在对消毒灭菌有什么影响？

3. 紫外线照射的作用与哪些因素有关？紫外线穿透能力如何？

实验十六　细菌鉴定用生理生化试验

一、目的要求

了解细菌生理生化反应原理，掌握细菌鉴定中常用的生理生化反应方法；通过对不同细菌对不同含碳、氮化合物的分解利用情况，了解其代谢多样性；学习不同培养基中的不同生长现象及其代谢产物在鉴别细菌中的意义。

二、基本原理

各种细菌所具有的酶系统不尽相同，不同细菌分解、利用营养基质（糖类、脂肪类和蛋白质类物质）的能力不同，因而代谢产物存在差别。即使在分子生物学技术和手段不断发展的今天，细菌的生理生化反应在细菌的分类鉴定中仍有很大作用。

1. 糖类分解（发酵）试验

根据细菌利用分解糖能力的差异表现出是否产生有机酸和气体作为鉴定菌种的依据。在配制培养基时预先加入溴甲酚紫（pH4.4 红色～pH6.2 黄色），当发酵后，培养基通过指示剂颜色变化来判断是否产酸（由紫色变黄），气体的产生则可由试管中倒置的杜氏小管中有无气泡来判断。可判断细菌是否分解某种糖或醇或其他碳水化合物。

2. V-P 试验

某些细菌能使葡萄糖发酵而产生丙酮酸，丙酮酸再变为乙酰甲基甲醇，乙酰甲基甲醇又变成 2,3-丁二烯醇，2,3-丁二烯醇在有碱存在时氧化成二乙酰，二乙酰和胨中的胍基化合物起作用产生粉红色化合物，称 V-P 阳性反应。

3. 甲基红（MR）试验

当细菌分解培养基中葡萄糖产丙酮酸，进一步分解产大量酸性物质，使培养基 pH 下降至 4.5 以下，使甲基红（pH4.4 红色～pH6.2 黄色）指示剂变红色为阳性。通常 MR 和 V-P 试验是密切相关的，如果一个微生物 MR 是阳性，则 V-P 是阴性；或者相反。这个试验对区别大肠埃希菌与肠杆菌是特别有用的。

4. 吲哚（靛基质）试验

有些细菌（如大肠埃希菌）能分解蛋白质中的色氨酸生成吲哚，后者与对位二甲基氨基苯甲醛作用，形成玫瑰吲哚而呈红色。

5. 硫化氢试验

某些能分解胱氨酸的细菌产生硫化氢，其与醋酸铅或硫酸亚铁结合形成黑色的硫化铅或硫化铁。

6. 三糖铁琼脂试验

细菌只分解葡萄糖而不分解乳糖和蔗糖，分解葡萄糖产酸使 pH 降低，因此斜面和底层均先呈黄色，但因葡萄糖量较少，所生成的少量酸可因接触空气而氧化，并因细菌生长繁殖利用含氮物质生成碱性化合物，使斜面部分又变成红色；底层由于处于缺氧状态，细菌分解葡萄糖所生成的酸类一时不被氧化而仍保持黄色。细菌分解葡萄糖、乳糖或蔗糖产酸产气，使斜面与底层均呈黄色，且有气泡。细菌产生硫化氢时与培养基中的硫酸亚铁作用，形成黑色的硫化铁。

三、器具材料

（1）菌种　大肠杆菌（*Escherichia coil*），产气肠杆菌（*Enterobacter aerogenes*），沙氏菌（*Salmonella*）的斜面菌种。

（2）培养基及试剂　糖发酵培养基，葡萄糖蛋白胨水溶液，胰蛋白胨水培养基，柠檬酸酸铁铵高层培养基，三糖铁琼脂斜面等；5%的α-萘酚酒精溶液，40% KOH 溶液，甲基红试剂，吲哚试剂，乙醚。

四、操作步骤

糖类发酵试验：V-P 试验、MR 试验、吲哚试验、硫化氢试验、三糖铁琼脂试验。

1. 糖类分解（发酵）试验

（1）琼脂斜面培养物用接种针挑取少量菌穿刺接种于葡萄糖、乳糖、麦芽糖、甘露醇、蔗糖发酵管深部（勿穿到管底）。

（2）将接种管标记清楚放于 36℃±1℃培养24～48h 观察结果，有的菌对某一糖的发酵属迟缓作用，则需要培养一个月之久。

（3）结果判定　培养基不变色用"－"表示无变化；培养基变黄用"＋"表示产酸；培养基变黄并有气泡用"±"表示产酸产气。

2. V-P 试验

（1）以接种环将待检菌新鲜斜面培养物接种于葡萄糖蛋白胨水溶液中，置 36℃±1℃培养24～48h（可延长 4～5d）。

（2）于培养液中加入 0.2～0.5mL KOH 溶液和 5% α-萘酚酒精溶液 0.5mL，充分摇匀，静置片刻后观察结果。出现红色者为 V-P 阳性反应。

3. MR 试验

接种细菌于葡萄糖蛋白胨水培养基中，在 36℃±1℃培养 24～48h 后，于培养物中加入甲基红试剂3～5 滴，变红色者为阳性反应，以"＋"表示，黄色则为阴性，以"－"表示。大肠杆菌为阳性反应，产气杆菌为阴性反应。

4. 吲哚试验

将被检菌接种到胰蛋白胨水培养基中，37℃培养 24～48h 后，加入 2～3mL 乙醚，振荡数次，静置1～3min，沿试管壁滴加 2 滴吲哚试剂于培养物液面，观察结果。

出现红色者为阳性，出现黄色者为阴性。

5. 硫化氢试验

将待检菌穿刺接种于柠檬酸酸铁铵高层培养基，于 36℃±1℃培养 24～48h 观察结果。大肠杆菌为阴性，产气杆菌为阳性。

6. 三糖铁（TSI）琼脂试验

用接种针挑取待检菌的菌落，先穿刺接种到 TSI 琼脂深层，距管底 3～5mm 为止，再从原路退回，在斜面上自下而上划线，置 36℃±1℃培养 18～24h，观察结果。

7. 实验结果记录

实验结果记录于表 2-5。

表 2-5　各类细菌生化反应结果

实验项目		大肠杆菌	沙门菌	产气肠杆菌
葡萄糖				
乳糖				
V-P 试验				
MR 试验				
吲哚试验				
硫化氢试验				
TSI 试验	斜面			
	底层			
	产气			
	硫化氢			

五、作业与思考题

1. 记录各类生化反应的结果。

2. 不同的细菌生理生化试验的结果不同，就是同一种细菌不同菌株之间也有差异，试分析其原因。

3. 细菌的生理生化反应原理在食品微生物检验中有什么作用？

实验十七　微生物菌种保藏方法

一、目的要求

学习菌种的保存方法；了解微生物菌种保藏的目的。

二、基本原理

根据微生物自身的生物学特点，使微生物的代谢作用降至最低程度或处于休眠状态，因微生物的变异速度与其新陈代谢速度有关，代谢活动旺盛变异速度快，反之则变异速度慢。所以从微生物来说，利用它们的芽孢或孢子来保存；从环境条件来说，通过人为的创造条件，使微生物处于低温、干燥、缺氧的环境中，以使微生物的生长受到抑制，新陈代谢活动限制到最低范围，生命活动基本处于休眠状态，从而达到保藏的目的。

三、器具材料

（1）器材　灭菌锅，真空泵，干燥器，离心机，冷冻真空装置，高频电火花器，煤气灯，筛子（40 目、120 目），接种环，接种针，安瓿管，小试管 10mm×100mm、长滴管，5mL 无菌吸管，1mL 无菌吸管，标签，脱脂棉，牛角匙，干冰，棉塞。

（2）培养基　营养琼脂斜面，半固体营养琼脂直立柱，营养肉汤，河沙，干土。

（3）待保藏菌种。

（4）试剂　2%和 10%盐酸，无水氯化钙，石蜡油，五氧化二磷，牛奶。

四、操作方法

1. 斜面冰箱保藏法

控制保存温度，是一种最简单的常用方法，将被保存菌种移接在适宜的固体斜面培养基上，待充分生长好后，棉塞部分用牛皮纸包扎好，放于 4～6℃的冰箱中保存。每隔一定时间再转接到新鲜的培养基上，以免死亡。一般有芽孢或孢子的菌体可用这种方法保存半年左右，酵母菌 4 个月左右，球菌及无芽孢菌 2 个月左右。

2. 半固体穿刺保藏法

用接种针挑取待保存菌种按无菌操作法，穿刺接种于无菌半固体营养琼脂直立柱中（从直立柱中央直刺到试管底部，再沿原线拉出），培养至完全长好后，放入 4℃冰箱保存，可保存半年至 1 年。

3. 石蜡油低温保藏法

（1）菌种培养　把要保存的菌种移植到适宜的培养基中，在适宜的温度下培养好备用。

（2）石蜡油灭菌　将液体石蜡油放入锥形瓶中（250mL 锥形瓶内装 100mL），塞上棉塞，棉塞外包牛皮纸，用 121℃高压蒸汽灭菌 30min，取出后放入 40℃恒温箱中使水分蒸发掉（无水石蜡油呈透明清晰状，不能用干热灭菌）。石蜡油灭菌和水分蒸发反复 3 次，确保其完全无菌。

（3）注入石蜡油　以无菌操作法，用 5mL 无菌吸管吸取石蜡油加入长好的需保存的菌种试管内，加入的量以超过斜面 1cm 高为宜。

（4）保存　放好石蜡油以后，用牛皮纸把管口棉塞包扎好，直立放入 4℃冰箱中保存，此法保存期一般为 1～2 年，但在保存期间不可能使培养基露出石蜡油面，故应随时加入无菌石蜡油以保证效果。

（5）菌种使用 被保存菌需用时，如同斜面菌中移植方法，将接种环等工具直接穿过油层取菌出来移植到新鲜斜面上培养好再转接一次，备用。

4. 沙土管保藏法

（1）沙土处理 取河沙用 40 目筛过筛以除去大颗粒，加 10％盐酸后煮沸以除去有机杂质，去酸水，用自来水泡洗至中性，烘干后晒干。取非耕作层的瘦黄土，晒干磨细，用 120 目筛子过筛。

（2）装管灭菌 按 1 份土加 4 份沙的比例将沙土混合均匀，加入指形小试管中，装量以 1cm 高为宜，塞好棉塞，于 121℃高压蒸汽灭菌，间歇 2～3 次，灭菌后把沙土放入 60℃烘箱中烘干水分。以无菌操作取管内少量沙土放入营养肉汤内，在 28～32℃培养 1～2d，检验无菌生长即可，如有菌生长则须再次灭菌，直至检查无菌生长为止。

（3）接种入管 分干法接种和湿法接种。干接种法是在无菌操作下直接用接种环挑取孢子或芽孢菌体拌入沙土中，即可。湿接种法是先将孢子制成孢子悬液滴入沙土管中，每管 2 滴，再用灭菌接种环将孢子液与沙土拌匀。然后将沙土管放入干燥器中，器内放五氧化二磷或无水氯化钙作干燥剂，以吸干沙土管内水分，干燥剂吸湿后及时更换，几小时后即可干燥。

（4）保存 用石蜡封住棉花塞后放入冰箱内保存，或放入干燥器内置阴凉干燥处保存。可保存数年之久，但只适应于产芽孢和产孢子的微生物菌中保存。

5. 冷冻干燥法

（1）安瓿管准备 取 8mm×100mm 大小的中性硬质玻璃安瓿瓶试管，并先用 2％盐酸浸泡 8～10h 再用自来水冲洗多次，最后用蒸馏水洗 1～2 次，烘干，将印有菌名和接种日期的标签放入安瓿管内，有字的一面向管壁，管口塞上棉花，121℃灭菌 30min，备用。

（2）制备脱脂牛奶 先将牛奶煮沸，除去上面的一层脂肪，然后用脱脂棉过滤，并在离心机上 5000r/min 离心 10min，如果一次不行，再离心一次，直至除尽脂肪为止。或直接采用牛奶脱脂净乳一体分离机获得脱脂牛奶。牛奶脱脂后，在 121℃灭菌 10～15min，并作无菌检验。

（3）制备菌中悬液 将无菌脱脂牛奶直接加到待保存的菌种斜面内，用灭菌接种环轻轻将菌种刮下，将牛奶制成均匀的菌悬液（切勿将琼脂刮到牛奶中）。

（4）分装 用无菌长滴管将菌悬液分别装入安瓿管底部，每支管装量约为 0.2mL。

（5）预冻 将分装有菌悬液的安瓿管在 −25～−40℃之间的干冰酒精中进行预冻，1h 后即可抽气进行真空干燥。

（6）真空干燥 预冻以后，将安瓿管放入真空器中开动真空泵，进行干燥，当采用无制冷设备的冻干装置时，在开动真空泵后，应使真空度在 16min 内达 0.5mmHg（1mmHg＝133.322Pa），随后逐渐达到 0.2～0.1mmHg，在这种条件下，样品将保持冻结状态。当样品基本干燥后，真空度将高于 0.1mmHg。这时样品温度可逐渐回升（但管内温度不得超过 30℃），以加速样品中残留水分的蒸发。样品干燥判断：目视冻干的样品呈酥丸状或松散的片状；真空度接近达到无样品时的最高真空度，温度计所反映的样品温度与管外温度接近。

（7）封管 先将干燥后的安瓿管的棉花塞向下推移，然后用火焰烧熔棉塞下部的安瓿管，并拉成细颈，再将安瓿管安装在抽真空的夹具上，继续抽真空几分钟后用火焰从细颈处烧熔，封闭。封好后，要用高频电火花器检查各安瓿管的真空情况，如果管内呈现灰蓝色光，证明保持着真空。检查时，高频电火花器应射向安瓿管的上半部，切勿射向样品。合格者放在低温处保存，最好放入 4℃冰箱中可保存达数年。

（8）恢复培养　如果要从封闭的安瓿管中取出菌种恢复培养，可先用 75％酒精将管的外壁消毒，然后将安瓿上部在火焰上烧热，再滴几滴无菌水，使管子破裂。再用接种针直接挑取松散的干燥样品，在斜面上接种，也可先将无菌液体培养基加入安瓿中，使样品溶解，然后再用无菌吸管取出到合适培养基中进行培养。

五、作业与思考题

1. 分析上述几种菌种保藏方法的原理。

2. 比较各种保藏方法的优缺点。

3. 经常使用的菌种用哪种方法保藏比较好？

实验十八　微生物的诱变育种

一、目的要求

了解诱变育种的一般原理；初步掌握紫外线诱变育种的方法。

二、基本原理

许多物理因素（如紫外线、γ射线等）和化学因素（如亚硝酸、硫酸二乙酯等）对微生物都有诱变作用，这些理化因素称为诱变剂。诱变剂的作用，是使菌体内遗传物质DNA分子结构发生改变，引起菌体遗传性的变异。在生产和科学实验中，常用诱变方法进行育种，得到突变株，取得了显著的成果。本实验以紫外线诱变处理产生淀粉酶的枯草杆菌AS1.398为例。此菌在含淀粉的培养基上生长，可分解淀粉，使菌落周围出现透明圈。加碘液后，此透明圈清晰可见。透明圈大小与酶活力成正比，可挑取透明圈较大菌落作进一步的试验筛选。

紫外诱变一般采用15W紫外线杀菌灯，波长为260nm，灯与处理物距离为15～30cm，照射时间依菌种而异，一般为几秒或几十秒钟。常以细胞的死亡率表示，照射剂量以死亡率控制在80%左右为宜。芽孢杆菌的营养体一般需照射1～3min，球菌和无芽孢杆菌需照射30s～1.5min，放线菌的分生孢子需照射30s～2min。

经紫外照射引起突变的DNA能被可见光复活。在操作时应在红光下进行，培养在黑暗环境下完成。

三、器具材料

（1）器材　摇床，恒温培养箱，15W紫外灯，无菌培养皿，无菌吸管，试管，锥形瓶，漏斗，玻璃珠，灭菌脱脂棉。

（2）出发菌株　枯草芽孢杆菌（*Bacillus subtils*）$AS_{1.398}$（以24～48h培养）。

（3）培养基　营养肉汤培养液，含淀粉的营养琼脂培养基，路戈氏碘液。

四、操作方法

1. 菌悬液制备

将枯草芽孢杆菌$AS_{1.398}$移植在营养肉汤培养液中，经32℃培养24h。取一定量培养液用灭菌生理盐水稀释，且充分振摇（或置摇床上振摇），通过生理盐水内置的玻璃珠将菌体细胞充分打散，呈均匀的单个分散在稀释液中，并可用灭菌脱脂棉过滤除去杂质，取滤液作诱变处理的菌悬液，此时以细胞含量达10^6～10^8CFU/mL为宜（可用直接镜检法测定）。

2. 倒制平板

取已熔化并冷却至50℃左右的含淀粉的营养琼脂培养基，倾入无菌培养皿微微摇动，静置，使冷凝成平板。

3. 接种

按无菌操作手续，用无菌接种环取少许备制的菌悬液在制备的平板上划线接种，或用无菌吸管取0.1mL供试菌悬液入平板表面，再用无菌玻璃刮铲涂抹均匀，备用。

4. 诱变处理

将接种好的平板置15W紫外线灯下30cm处。在正式照射前，应先开启紫外线灯预热10min，然后打开皿盖正式照射10～15s。整个操作应在红灯下进行。照射结束后应用黑布或黑纸包住被处理过的平板，避免白炽光。

5. 初筛

将照射过的平板，用黑纸包好放入 $36℃\pm1℃$ 的恒温箱中，培养 24～48h。取出培养皿，观察菌落特征及菌落周围是否有无色透明圈（可在平板上滴加路戈氏碘液，若在菌落周围出现无蓝紫色的透明区，即为该细菌产生了淀粉酶水解淀粉后所形成的淀粉水解区）。无色透明区的大小，说明该菌对淀粉水解能力的强弱，产生淀粉酶活性的大小，若无淀粉水解区，则说明该菌不产生淀粉酶。因此可挑取周围无色透明区大的菌落移植到新鲜的含淀粉的牛肉膏蛋白胨琼脂平板上划线接种，培养纯化，一个菌落移植一个平板，共选 10 个菌落，这样一个菌落则称为一个菌株。

6. 复筛

将所取的 10 个菌株划线接种的平板置 $36℃\pm1℃$ 培养 2～3d，在培养中进一步观察无色透明圈的大小和形成的速度，取 5 个左右透明圈最大且形成速度最快的菌落，分别移入含淀粉的牛肉膏蛋白胨液体培养基内（锥形瓶装），置 $36℃\pm1℃$ 培养，并不断振摇。这时应观察其培养性能，如培养基成分的组成、温度、pH 值、通风量等培养条件进行综合考评，选取最理想的进行小型发酵罐试验，将条件证实修正，最终就可模拟放大到大型发酵罐生产试验了。如果采用计算机进行设计，那就无需逐级模拟放大，即无需经过中间试验，但这时对小型试验的数据要求很高。

五、作业与思考题

1. 在进行紫外线照射操作时，为什么要避免白炽光？

2. 为什么通过诱变处理可获得优于出发菌株的优良菌株？

实验十九　微生物菌种的复壮技术

一、目的要求

了解食品微生物菌种复壮技术的三种方法；熟悉微生物菌种复壮的一般方法。

二、基本原理

菌种在长期保存过程中会出现部分菌种退化现象。菌种退化往往是一个渐变的过程，只有发生有害变异的个体在群体中显著增多以致占据优势时才会显露出来。菌种退化的原因是有关基因的负突变，当群体中负突变个体的比例逐渐增高，最后占优势，从而使整个群体表现出严重的退化现象。菌种衰退最易察觉到的是菌落和细胞形态的改变，菌种衰退会出现生长速度慢，代谢产物生产能力或其对宿主寄生能力明显下降。因此，在使用菌种前需对菌种进行复壮。

复壮即在菌株的生产性能尚未退化前进行纯种分离和生产性能的测定等方法从衰退的群体中找出未退化的个体，以到达恢复生产性能的稳定或逐步提高的一种措施。菌种的复壮措施如下。

① 纯种分离。平板划线、涂布法、倾注法和单细胞挑取法。

② 通过寄主体内生长进行复壮，对于寄生性微生物退化菌株，可直接接种到相应的动植物体内，通过寄主体内的作用来提高菌株的活性或提高它的某一性状。

③ 淘汰已衰退的个体。采用比较激烈的理化条件进行处理，杀死生命力较差的已衰退个体，其存活的菌株，一般是比较健壮的，从中可以挑选出优良菌种，达到复壮的目的。

④ 采用有效的菌种保藏法。

食品微生物菌种的复壮主要是采用第一种方法。

三、器具材料

(1) 菌种　保加利亚乳杆菌（*Lactobacillus bulgaricus*）（要求接种奶管已在冰箱中保藏两周）。

(2) 培养基　MRS 培养基。

(3) 试剂及器材　标准 NaOH 溶液，无菌移液管，漩涡振荡器，无菌培养皿，盛有 9mL 无菌生理盐水的试管及接种针等。

四、操作步骤

1. 编号

取盛有 9mL 无菌水的试管排列于试管架上，依次标明 $10^{-1} \sim 10^{-6}$。取无菌平皿 3 套，分别用记号笔标明 10^{-4}、10^{-5}、10^{-6}。

2. 稀释液制备

将待复壮菌种培养液在漩涡振荡器上混合均匀，用 1mL 无菌吸管精确吸取 1mL 菌悬液于 10^{-1} 的试管中，振荡混合均匀，然后另取一支吸管自 10^{-1} 试管内吸 1mL 移入 10^{-2} 试管内，依此方法进行系列稀释至 10^{-6}。

3. 倒平板

用 3 支 1mL 无菌吸管分别吸取 10^{-4}、10^{-5}、10^{-6} 的稀释液各 1mL 对号放入已编号的无菌培养皿中。无菌操作倒入熔化后冷却至 45℃左右的 MRS 固体培养基 10～15mL，置水平位置，按同一方向，迅速混匀，待凝固后置于40℃培养箱中培养。

4. 分离

取出培养48h的培养皿，在无菌工作台上，用接种针挑取10个成棉花状的较大菌落，分别接种于液体MRS培养基中，置40℃培养箱中培养24h。

5. 接种

按1%的接种量将纯化的培养物接种于已灭菌的复原脱脂乳中，同时接种具有较高活力的保加利亚乳杆菌于复原脱脂乳中作为对照。

6. 活力测定

(1) 凝乳时间　观察复原脱脂乳的凝乳时间。

(2) 酸度　采用NaOH滴定法测定发酵乳液的酸度。

(3) 计数　采用倾注平板法，测定活菌菌落数量。

7. 实验结果

描述保加利亚乳杆菌菌落形态及单个保加利亚乳杆菌的形态。根据凝乳时间最短、酸度最高、活菌数最大挑选出优良菌株。

五、作业与思考题

1. 菌种衰退的原因和危害是什么？如何判断微生物菌种已复壮？

2. 设计一方案解决一个某加工厂酵母菌产生酒精的能力下降了的现象。

实验二十　细菌原生质体融合技术

一、目的要求

了解原生质体融合技术的原理；掌握原核细胞原生质体的融合技术。

二、基本原理

原生质体是指脱去细胞壁后由细胞膜包围着的球状细胞。获得有活力、去壁较为完全的原生质体对于原生质体融合和原生质体再生是非常重要的。原生质体融合技术广泛应用于真核细胞 DNA 的转化、诱变育种、脉冲电泳以及研究细胞的结构域功能。原生质体融合技术是将双亲株的微生物细胞分别通过酶解脱壁，在融合剂的作用下，促使原生质体聚集、凝集，进而发生融合达到基因重组的目的。原生质体融合技术包括几个重要的环节。

（1）选择亲本　选择两个具有育种价值并带有选择性遗传标记的菌株作为亲本。

（2）制备原生质体　经溶菌酶除去细胞壁，释放出原生质体，并置高渗液中维持其稳定。

（3）促融合　聚乙二醇（PEG）加入到原生质体以促进融合，PEG 为一种表面活性剂，能强制性地促进原生质体融合。在有 Ca^{2+}、Mg^{2+} 存在时，更能促进融合。

（4）原生质体再生　原生质体已失去细胞壁，虽有生物活性，但在普通培养基上不生长，必须涂布在再生培养基上，使之再生。

（5）检出融合子　利用选择培养基上的遗传标记，确定是否为融合子。

（6）融合子筛选　产生的融合子中可能有杂合双倍体和单倍重组体不同的类型，前者性能不稳定，要选出性能稳定的单倍重组体，反复筛选出生产性能良好的融合子。

三、器具材料

（1）菌种　枯草芽孢杆菌 T4412 ade-his-、TT2 ade-pro-。

（2）培养基及试剂　完全培养基（CM，液体和固体），基本培养基（MM），再生补充基本培养基（SMR），酪蛋白培养基（测蛋白酶活性用）。0.1mol/L 磷酸缓冲液（pH6.0），高渗缓冲液，原生质体稳定液（SMM），促融合剂，溶菌酶液。

（3）器皿　培养皿，移液管，试管，容量瓶，锥形瓶，烧杯，离心管，吸管，显微镜，台式离心机，721 比色计，细菌过滤器。

四、操作步骤

（一）原生质体的制备

1. 培养枯草芽孢杆菌

取亲本菌株 T4412、TT2 新鲜斜面分别接一环到装有液体完全培养基（CM）的试管中，36℃±1℃振荡培养 14h，各取 1mL 菌液转接入装有 20mL 液体完全培养基的 250mL 锥形瓶中，36℃±1℃振荡培养 3h，使细胞生长进入对数前期，各加入 $25\mu/mL$ 青霉素，使其终浓度为 $0.3\mu/mL$，继续振荡培养 2h。

2. 收集细胞

各取菌液 10mL，4000r/min 离心 10min，弃上清液，将菌体悬浮于磷酸缓冲液中，离心。如此洗涤两次，将菌体悬浮 10mL SMM 中，每 1mL 约含 $10^8 \sim 10^9$ 个活菌为宜。

3. 总菌数测定

各取菌液 0.5mL，用生理盐水稀释，取 10^{-5}、10^{-6}、10^{-7} 各 1mL（每稀释度作两个平板），倾注完全培养基，36℃±1℃培养 24h 后计数，此为未经酶处理的总菌数。

4. 脱壁

两株亲本菌株各取 5mL 菌悬液，加入 5mL 溶菌酶溶液，溶菌酶浓度为 $100\mu g/mL$，混匀后于 36℃±1℃水浴保温处理 30min，定时取样，镜检观察原生质体形成情况，当 95% 以上细胞变成球状原生质体时，用 4000r/min 离心 10min，弃上清液，用高渗缓冲液洗涤除酶，然后将原生质体悬浮于 5mL 高渗缓冲液中，立即进行剩余菌数的测定。

5. 剩余菌数测定

取 0.5mL 上述原生质体悬液，用无菌水稀释，使原生质体裂解死亡，取 10^{-2}、10^{-3}、10^{-4} 稀释液各 0.1mL，涂布于完全培养基平板上，36℃±1℃培养 24～48h，生长出的菌落为未被酶裂解的剩余细胞。

计算酶处理后剩余细胞数，并分别计算两亲本株的原生质体形成率。

$$原生质体形成率＝未经酶处理的总菌数－酶处理后剩余细胞数$$

（二）原生质体再生

用双层培养法，先倒再生补充基本固体培养基（SMR）作底层，取 0.5mL 原生质体悬液，用 SMM 作适当稀释，取 10^{-3}、10^{-4}、10^{-5} 稀释液各 1mL，加入底层平板培养基的中央，再倒入上层再生补充半固体培养基混匀，36℃±1℃培养 48h。分别计算二亲株的原生质体的再生率，并计算其平均数。

（三）原生质体融合

取两个亲本的原生质体悬液各 1mL 混合，放置 5min 后，2500r/min 离心 10min，弃上清液。于沉淀中加入 0.2mL SMM 溶液混匀，再加入 1.8mL PEG 溶液，轻轻摇匀，置 36℃±1℃水浴保温处理 2min，2500r/min 离心 10min，收集菌体，将沉淀充分悬浮于 2mL SMM 液中。

（四）检出融合子

取 0.5mL 融合液，用 SMM 液作适当稀释，取 0.1mL 菌液与灭菌并冷却至 50℃的再生补充基本培养基琼脂中混匀，迅速倾入底层为再生补充基本培养基的平板上，36℃±1℃培养 2d，检出融合子，转接传代，并进行计数，计算融合率。

（五）融合子的筛选

挑选遗传标记稳定的融合子，凡是在再生补充基本培养基平板上长出的菌落，初步认为是融合子，可接入到酪蛋白培养基平板上，再挑选蛋白酶活性高于亲本的融合子。由于原生质体融合后会出现两种情况：一种是真正的融合，即产生杂核二倍体或单倍重组体；另一种只发生质配，而无核配，形成异核体。两者都能在再生基本培养基平板上形成菌落，但前者稳定，而后者则不稳定。故在传代中将会分离为亲本类型。所以要获得真正融合子，必须进行几代的分离、纯化和选择。

五、作业与思考题

1. 促融剂是起什么作用的？真核微生物原生质体融合与原核微生物有无区别？

2. 原生质体形成的再生影响因子有哪些？

实验二十一　细菌总 DNA 的提取

一、目的要求

了解细菌总 DNA 提取的原理；掌握细菌总 DNA 提取的方法与操作步骤。

二、基本原理

细菌总 DNA 提取的基本原理是在碱性条件下，用表面活性剂十二烷基硫酸钠（sodium dodecyl sulfate，SDS）将细菌细胞壁破裂，然后用高浓度的 NaCl 沉淀蛋白质等杂质，再用酚使残余的蛋白质彻底变性。通过离心，细胞碎片及变性蛋白质复合物被沉淀下来，而 DNA 则留在上清液中。利用乙醇沉淀溶液中的 DNA。为了进一步纯化 DNA，通常用无 DNA 酶的 RNA 酶（DNAase-free RNAase）水解溶液中 RNA，最终获得纯度较高的细菌总 DNA 制品。

三、器具材料

（1）菌种　大肠杆菌（*Escherichiacoli*）或枯草芽孢杆菌（*Bacillus subtilis*）。

（2）培养基和试剂　LB 液体培养基，溶菌酶溶液（10mg/mL），1％SDS-0.1mol/L NaCl-0.1mol/L Tris-HCl（pH9.0）溶液，苯酚-氯仿溶液（1：1，体积比），95％乙醇，75％乙醇，0.1×SSC 溶液（standard saline citrate，标准柠檬酸盐），20×SSC 溶液，无 DNA 酶的 RNA 酶 A（20μg/mL），TE 缓冲液（pH8.0）。

（3）仪器和其他物品　超净工作台，台式高速离心机，恒温箱，恒温摇床，恒温水浴，微量移液器，无菌的 1.5mL 微量离心管，吸头，移液管和玻璃试剂瓶等。

四、操作步骤

1. 细胞的制备

（1）接种供试菌于 LB 液体培养基中。于恒温摇床中 37℃振荡培养约 16～18h，获得足够的菌体。

（2）各吸取 3 份 1.5mL 的培养液，分别转移至 3 支微量离心管中，用台式高速离心机 12000r/min 离心 30s。

（3）离心后，用微量移液器的吸头吸去所有上清液。弃上清液，保留菌体沉淀。

2. 细胞的裂解

（1）合并 3 份菌体沉淀，加入 15μL 溶菌酶（lysozyme）溶液（10mg/mL，即配即用），在 37℃恒温水浴中保温 15min。

（2）加入 125μL 1％SDS-0.1mol/L NaCl-0.1mol/L Tris-HCl（pH 9.0）溶液，盖上管盖，颠倒离心管数次，使管内的内容物混匀。溶液呈蛋清样，中间出现团状黏性物质。

（3）在上述溶液中加入等体积（150μL）的苯酚-氯仿溶液，充分振荡。用台式高速离心机 12000r/min 离心 3min。离心后，吸取上清液，并转移至另一支微量离心管中（上清液中含有 DNA）。

3.DNA 的分离

（1）在装有上清液的微量离心管中，加入二倍体积（300μL）95％乙醇，振荡混合。在室温下放置 2min，或在－20℃放置 30min，沉淀 DNA。用台式高速离心机 12000r/min 离心 5min。离心后，吸去所有上清液，保留 DNA 沉淀。

（2）在 DNA 沉淀管加入 $100\mu L$ $0.1\times SSC$ 溶液溶解 DNA。DNA 溶解后，再加入 $5\mu L$ $20\times SSC$ 溶液。

（3）在上述 DNA 溶液中加入 $50\mu L$ 无 DNA 酶的 RNA 酶 A（牛胰 RNA 酶）（$20\mu g/mL$），置于 37℃ 恒温水浴中保温 30min。

（4）加入等体积（$100\mu L$）苯酚-氯仿溶液，充分振荡。

（5）用台式高速离心机 12000r/min 离心 3min。离心后，吸取上清液，并转移至另一支微量离心管中。

（6）加入两倍体积 95％乙醇，振荡混合。在室温下放置 2min，或在 −20℃放置 30min，沉淀 DNA。

（7）用台式高速离心机 12000r/min 离心 5min。离心后，吸去所有上清液，保留 DNA 沉淀。

（8）加入 1mL 70％乙醇于上述微量离心管内，盖紧管盖，颠倒数次，使 DNA 沉淀充分分散于乙醇中。

（9）用台式高速离心机 12000r/min 离心 5min。离心后，吸去所有上清液，保留 DNA 沉淀，打开管口，并将离心管倒置于无菌、干净的滤纸片上，使管内液体完全流出，吸去管壁上残留的液滴。打开管盖约 15min，使乙醇充分挥发。

（10）加入 $50\mu L$ TE（pH8.0）溶液或无菌重蒸水溶解 DNA，将此细菌 DNA 溶液贮存于 −20℃冰箱中备用。

五、作业与思考题

1. 简述细菌总 DNA 制备的原理。

2. 溶菌酶的作用机理是什么？

3. 1％SDS-0.1mol/L NaCl-0.1mol/L Tris-HCl（pH 9.0）溶液的作用是什么？

4. 欲获得纯度较高的 DNA，哪些操作较为关键？

第三部分

食品微生物学检验实验技术

实验二十二 空气、食品接触面微生物检验

一、目的要求

学习检测生产车间空气、操作人员手部、与食品有直接接触面的机械设备的微生物指标以及生产区域环境当中病原微生物的监控方法，以控制食品成品的质量。强调微生物检验在食品安全的重要作用。

二、基本原理

微生物的基本特点是在自然界分布广泛，由于其个体微小，绝大部分微生物用肉眼是看不到的，因此通过微生物细胞在适宜的琼脂培养基上适宜温度下培养，大量繁殖形成微生物细胞群体即菌落，便可知其含菌数。空气中微生物检测常采用沉降法即将盛有培养基的平板置空气暴露一定时间后，空气中的每个菌体沉降于平板表面经培养后便可长出菌落，计数菌落便可知一定容积的空气中所含微生物数。食品接触面微生物检验采用棉拭采样法检验，即用浸有灭菌生理盐水的棉签在被检物体表面（取与食品直接接触或有一定影响的表面）取 $25cm^2$ 的面积，在其内涂抹 10 次，然后剪去手接触部分棉棒，将棉签放入含 10mL 灭菌生理盐水的采样管内即为检样，然后按照微生物指标检测的国家标准（GB/T 4789）进行检验。生产环境卫生指标装配与包装车间空气中细菌菌落总数应≤2500CFU/m^3。工作台表面细菌菌落总数≤20CFU/cm^2。工人每只手表面细菌菌落总数应≤300CFU。

三、器具材料

(1) 器材 恒温培养箱。

(2) 培养基 平板计数琼脂，马铃薯-葡萄糖琼脂或孟加拉红培养基。

四、操作方法

1. 空气的采样与测试方法

(1) 采样方法 在动态下进行，室内面积不超过 $30m^2$，在对角线上设里、中、外三点，里、外点位置距墙 1m；室内面积超过 $30m^2$，设东、西、南、北、中五点，周围 4 点距墙 1m。采样时，将含平板计数琼脂培养基或马铃薯-葡萄糖琼脂的平板（直径 9cm）置采样点（约桌面高度），并避开空调、门窗等空气流通处，打开平皿盖，使平板在空气中暴露 5min。采样后必须尽快对样品进行相应指标的检测，送检时间不得超过 6h，若样品保存于 0~4℃条件时，送检时间不得超过 24h。

(2) 菌落培养 在采样前将准备好的平板计数琼脂培养基或马铃薯-葡萄糖琼脂平板置 36℃±1℃或 28℃±1℃培养 1d 或 3d，取出检查有无污染，将污染培养基剔除。将已采集样品的培养基在 6h 内送实验室，36℃±1℃培养 2d 或 28℃±1℃培养 5d 观察结果，计数平板

上细菌或真菌菌落数。

（3）菌落计算

① 记录平均菌落数，用"CFU/皿"来报告结果。用肉眼直接计数，标记或在菌落计数器上点计，然后用 5～10 倍放大镜检查，不可遗漏。

② 若培养皿上有 2CFU 或 2CFU 以上的菌落重叠，可分辨时仍以 2CFU 或 2CFU 以上菌落计数。

2. 食物接触面采样与测试方法

包括机械器具（工作台）表面与工人手表面采样与测试方法。

（1）采样方法

① 机械器具（工作台）表面　在被检物体表面（取与食品直接接触或有一定影响的表面）取 25cm² 的面积，用浸有灭菌生理盐水的棉签 10 支涂抹，然后剪去手接触部分的棉棒，将棉签放入含 10mL 灭菌生理盐水的采样管内送检。

② 工人手　被检人五指并拢，用浸湿灭菌生理盐水的棉签在右手指曲面，从指尖到指端来回涂擦 10 次，然后剪去手接触部分棉棒，将棉签放入含 10mL 灭菌生理盐水的采样管内送检。

③ 采样注意事项　擦拭时棉签要随时转动，保证擦拭的准确性。对每个擦拭点应详细记录所在场的具体位置、擦拭时间及所擦拭环节的消毒时间。

（2）细菌·霉菌和酵母菌的检测培养

① 样液稀释。将放有棉棒的试管充分振摇。此液为 1∶10 稀释液。如污染严重，可 10 倍递增稀释，吸取 1mL 1∶10 样液加 9mL 无菌生理盐水中，混匀，此液为 1∶100 稀释液。

② 细菌总数·霉菌和酵母菌数的测定

a. 以无菌操作，选择 1～2 个稀释度各取 1mL 样液分别注入无菌平皿内，每个稀释度做两个平皿（平行样），将已熔化冷至 45℃ 左右的平板计数琼脂或马铃薯-葡萄糖琼脂培养基倾入平皿，每皿约 15mL，充分混合。

b. 待琼脂凝固后，将平皿翻转，置 36℃±1℃ 或 28℃±1℃ 培养 2d 或 5d 后计数。

c. 结果报告：报告每 25cm² 食品接触面中或每只手的菌落数。

五、作业与思考题

1. 计算某食品成品仓库或某无菌室空气中的含菌量。

2. 空气中微生物的检测计数对食品加工业有何意义？

实验二十三　常见食品微生物检验样品的采集与处理

一、目的要求

学习食品微生物检验样品采集的原则；掌握其方法，确保食品检验结果的准确性。

二、基本原理

参照第一部分微生物学实验准备及检验要求中"样品的采集"的内容。

三、器具材料

采样箱，灭菌塑料袋，有盖搪瓷盘，灭菌刀，剪子，镊子，灭菌具塞广口瓶，灭菌棉签，温度计，搅拌棒，采样管，采样勺，匙，切割丝，75%酒精棉球，锡箔，封口膜，记号笔，采样登记表等。

四、操作方法

（一）肉与肉制品检验样品的采集与处理

本方法适用于鲜（冻）的畜禽肉、熟肉制品及熟肉干制品的检验。畜禽肉品及其内脏除以鲜、冻方式大量供食外，还常加工成熟制品和腌、腊制品等，性状各异。在对肉与肉制品进行卫生微生物学检验时，应按其不同性状和检验目的合理采样和处理检样。

1. 样品采取和送检

（1）生肉及脏器检样　如系屠宰场宰后的畜肉，可于开腔后，用无菌刀采取两腿内侧肌肉各150g（或劈半后采取两侧背最长肌各150g）；如系冷藏或售卖之生肉，可用灭菌刀取腿肉或其他部位之肌肉250g。检样采取后，放入灭菌容器内，立即送检；如条件不允许，最好不超过3h，送检时应注意冷藏，不得加入任何防腐剂。检样送往化验室应立即检验或放置冰箱内暂存。

（2）禽类（包括家禽和野禽）　鲜冻家禽采取整只，放灭菌容器内，带毛野禽可放清洁容器内，立即送检。

（3）各类熟肉制品（包括酱卤肉、肴肉、肉灌肠、烤肉、肉松、肉干等）　一般可采取250g，熟禽采取整只，均放灭菌容器内，立即送检。

（4）腊肠、香肚等生灌肠　采取整根、整只，小型的可采数根、数只，其总量不少于250g。

2. 检样的处理

（1）生肉及脏器的检样处理　先将检样进行表面消毒（沸水内烫3～5s，或烧灼消毒），再用无菌剪子剪取检样深处肌肉25g。放入灭菌乳钵内用灭菌剪子剪碎后，加灭菌海砂或石英砂研磨，磨碎后加入灭菌水225mL，混匀后即为1:10稀释液。

（2）鲜、冻家禽检样的处理　先将检样进行表面消毒，用灭菌剪或刀去皮，剪取肌肉25g（一般可从胸部或腿部剪取），以下处理同上。

（3）肉制品检样的处理　直接切取或称取25g，以下处理同上。

注：以上样品的采集和送检均以检验肉禽及其制品内的细菌含量来判断其质量鲜度目的，如需检验肉禽及其制品受外界环境污染程度或检查其是否带有某种致病菌应用棉拭采样法。

3. 棉拭采样法和检样处理

检查肉禽及其制品受污染的程度，一般可用板孔 5cm² 的金属制规板压在受检物上，将灭菌棉拭稍沾湿，在板孔 5cm² 的范围内揩抹多次，然后将板孔规板移压另一点，用另一棉拭揩抹，如此共移压揩抹 10 次，总面积为 50cm²，共用 10 支棉拭，每支棉拭在揩抹完毕后应立即剪断或烧断手接触部分后投入盛有 50mL 灭菌水的锥形瓶或大试管中，立即送检，检验时先充分振摇，吸取瓶、管中的液体作为原液，再按要求作 10 倍递增稀释。

检测致病菌，不必用规板，可疑部位用棉拭揩抹即可。

（二）乳与乳制品检验样品的采集与处理

本方法适用于乳及乳制品的微生物学检验。鲜乳除直接供饮用外，还常加工成酸乳、炼乳、奶粉、奶酪等乳制品或提取奶油供食，其性状各异，在对乳及乳制品进行卫生微生物学检验时，应按各品种的性状特点和检验目的合理采样和处理检样。

1. 样品采集

（1）生乳的采样　样品应充分搅拌混匀，混匀后应立即取样，用无菌采样工具分别从相同批次（此处特指单体的贮奶罐或贮奶车）中采集 n 个样品，采样量应满足微生物指标检验的要求。

具有分隔区域的贮奶装置，应根据每个分隔区域内贮奶量的不同，按比例从中采集一定量经混合均匀的代表性样品，将上述奶样混合均匀采样。

（2）液态乳制品的采样　适用于巴氏杀菌乳、发酵乳、灭菌乳、调制乳等。取相同批次最小零售原包装，每批至少取 n 件。

（3）半固态乳制品的采样

① 炼乳的采样　适用于淡炼乳、加糖炼乳、调制炼乳等。

a. 原包装小于或等于 500g（mL）的制品。取相同批次最小零售原包装，每批至少取 n 件。采样量不小于 5 倍或以上检验单位的样品。

b. 原包装大于 500g（mL）的制品（再加工产品，进出口产品）。采样前应摇动或使用搅拌器搅拌，使其达到均匀后采样。如果样品无法进行均匀混合，就从样品容器中的各个部位取代表性样。采样量不小于 5 倍或以上检验单位的样品。

② 奶油及其制品的采样　适用于稀奶油、奶油、无水奶油等。

a. 原包装小于或等于 1000g（mL）的制品。取相同批次最小零售原包装，每批至少取 n 件。采样量不小于 5 倍或以上检验单位的样品。

b. 原包装大于 1000g（mL）的制品。采样前应摇动或使用搅拌器搅拌，使其达到均匀后采样。用无菌抹刀除去表层产品，厚度不少于 5mm。将洁净、干燥的采样钻沿包装容器切口方向往下，匀速穿入底部。当采样钻到达容器底部时，将采样钻旋转 180°，抽出采样钻并将采集的样品转入样品容器。采样量不小于 5 倍或以上检验单位的样品。

（4）固态乳制品采样　适用于干酪、再制干酪、乳粉、乳清粉、乳糖和酪乳粉等。

① 干酪、再制干酪的采样

a. 原包装小于或等于 500g 的制品。取相同批次最小零售原包装，采样量不小于 5 倍或以上检验单位的样品。

b. 原包装大于 500g（mL）的制品。根据干酪的形状和类型，可分别使用下列方法：ⅰ. 在距边缘不小于 10cm 处，把取样器向干酪中心斜插到一个平表面，进行一次或几次；ⅱ. 把取样器垂直插入一个面，并穿过干酪中心到对面；ⅲ. 从两个平面之间，将取样器水平插入干酪的垂直面，插向干酪中心；ⅳ. 若干酪是装在桶、箱或其他大容器中，或是将干酪制成压紧的大块时，将取样器从容器顶斜穿到底进行采样。采样量不小于 5 倍或以上检验单位的样品。

② 乳粉、乳清粉、乳糖和酪乳粉的采样　适用于乳粉、乳清粉、乳糖和酪乳粉等。

a. 原包装小于或等于 500g 的制品。取相同批次最小零售原包装，采样量不小于 5 倍或以上检验单位的样品。

b. 原包装大于 500g 的制品。将洁净、干燥的采样钻沿包装容器切口方向往下，匀速穿入底部。当采样钻到达容器底部时，将采样钻旋转 180°，抽出采样钻并将采集的样品转入样品容器。采样量不小于 5 倍或以上检验单位的样品。

2. 检样的处理

(1) 乳及液态乳制品的处理　将检样摇匀，以无菌操作开启包装。塑料或纸盒（袋）装，用 75% 的酒精棉球消毒盒盖或袋口，用灭菌剪刀切开；玻璃瓶装，以无菌手续去掉瓶口的纸罩或纸盖，瓶口经火焰消毒后，用灭菌吸管吸取 25mL（液态乳中添加固体颗粒状物，应均质后取样）检样，放入装有 225mL 的生理盐水的锥形瓶内、振摇均匀。

(2) 半固态乳制品的处理

① 炼乳　将瓶或罐先用温水洗净表面再用点燃的酒精棉球消毒瓶或罐的上表面，然后用灭菌的开罐器打开罐或瓶面，以无菌手续称取 25g 检样，放入预热至 45℃ 的装有 225mL 灭菌生理盐水（或其他增菌液）的锥形瓶中，振摇均匀。

② 稀奶油、奶油、无水奶油等　用无菌手续打开包装，取适量检样置于灭菌锥形瓶内。在 45℃ 水浴或温箱中加温，溶解后立即将烧瓶取出，用灭菌吸管吸取 25mL 奶油放入另一含 225mL 灭菌生理盐水或灭菌奶油稀释液的烧瓶内（瓶装稀释液应预置于 45℃ 水浴中保温，作 10 倍递增稀释时所用的稀释液亦同），振摇均匀，从检样熔化到接种完毕的时间不应超过 30min。

(3) 固态乳制品的处理

① 干酪及其制品　以无菌操作打开外包装，对有涂层的样品削去部分表面封蜡，对无涂层的样品直接经无菌程序灭菌刀切开干酪，用灭菌刀（勺）从表层和深层分别取出有代表性的适量样品，磨碎混匀，称取 25g 检样，放入预热至 45℃ 的装有 225mL 灭菌生理盐水（或其他增菌液）的锥形瓶中，振摇均匀。充分混合使样品均匀散开（1～3min），分散过程时温度不超过 40℃。尽可能避免泡沫产生。

② 乳粉、乳清粉、乳糖和酪乳粉的处理　取样前将样品充分混匀。罐装奶粉的开罐取样法同炼乳处理，袋装奶粉应用 75% 酒精的棉球涂擦消毒袋口，以无菌手续开封取样，称取检样 25g，放入预热至 45℃ 的装有 225mL 灭菌生理盐水（或其他增菌液）的锥形瓶中（可使用玻璃珠助溶），振摇使充分溶解和混匀。

对于经酸化工艺生产的乳清粉，应使用 pH8.4±0.2 的磷酸氢二钾缓冲液稀释。对于含较高淀粉的特殊配方乳酸，可使用 α-淀粉酶降低溶液黏度，或将稀释液加倍以降低溶液黏度。

③ 酪蛋白和酪蛋白酸盐　以无菌操作，称取 25g 检样，按照产品不同，分别加入 225mL 灭菌生理盐水等稀释液或增菌液。在对黏稠的样品溶液进行梯度稀释时，应在无菌条件下反复多次吹打吸管，尽量将黏附在吸管内壁的样品转移到溶液中。

a. 酸法工艺生产的酪蛋白。使用磷酸氢二钾缓冲液并加入消泡剂，在 pH8.4±0.2 的条件下溶解样品。

　　b. 凝乳酶法工艺生产的酪蛋白。使用磷酸氢二钾缓冲液并加入消泡剂，在 pH7.5±0.2 的条件下溶解样品，室温静置 15min。必要时在灭菌的匀浆袋中均质 2min，在静置 5min 后检测。

　　c. 酪蛋白酸盐。使用磷酸氢二钾缓冲液在 pH7.5±0.2 的条件下溶解样品。

　　（三）蛋与蛋制品检验样品的采集与处理

　　本方法适用于鲜蛋及蛋制品的微生物学检验。鲜蛋除直接供食外，还常大量加工成冰蛋、蛋粉及成蛋、皮蛋等再制蛋，其性状各异。在对蛋与蛋制品进行卫生微生物学检验时，应按各品种性状合理采样和处理检样。

　　1. 样品的采取和送检

　　（1）鲜蛋、糟蛋、皮蛋　用流水冲洗外壳，再用 75％酒精棉球涂擦消毒后放入灭菌袋内，加封做好标记后送检。

　　（2）巴氏杀菌冰全蛋、冰蛋黄、冰蛋白　先将铁听开启处用 75％酒精棉球消毒，然后将盖开启，用灭菌电钻由顶到底斜角钻入，徐徐钻取检样，然后抽出电钻，从中取出 250g 检样装入灭菌广口瓶中，标明后送检。

　　（3）巴氏杀菌全蛋粉、蛋黄粉、蛋白片　将包装箱上开口处用 75％酒精棉球消毒，然后将盖开启，用灭菌的金属制双层旋转式套管采样器斜角插入箱底，使套管旋转收取检样，再将采样器提出箱外，用灭菌小匙自上、中、下部收取检样，装入灭菌广口瓶中，每个检样重量不少于 100g，标明后送检。

　　（4）对成批产品进行质量鉴定时的采样数量　巴氏杀菌全蛋粉、蛋黄粉、蛋白片等产品以生产厂一日或一班生产量为一批，检验沙门菌时，按每批总量的 5％抽样（即每 100 箱中抽验 5 箱，每箱 1 个检样），但每批最少不得少于 3 个检样。测定菌落总数和大肠菌群时，每批按装听过程前、中、后取样 3 次，每次取样 100g，每批合为 1 个检样。

　　巴氏杀菌冰全蛋、冰蛋黄、冰蛋白等产品按生产批号在装听时流动取样。检验沙门菌时，冰蛋黄及冰蛋白按每 250kg 取样一件，巴氏杀菌冰全蛋按每 500kg 取样一件，菌落总数测定和大肠菌群测定时，在每批装听过程前、中、后取样 3 次，每次取样 100g 合为一个检样。

　　2. 检样的处理

　　（1）鲜蛋、糟蛋、皮蛋外壳　用灭菌生理盐水浸湿的棉拭子充分擦拭蛋壳，然后将棉拭子擦拭部分直接放入培养基内增菌培养，也可将整只鲜蛋放入灭菌小烧杯或平皿中，按检样要求加入定量灭菌生理盐水或液体培养基，用灭菌棉拭子将蛋壳表面充分擦洗后，以擦洗液作为检样检验。

　　（2）鲜蛋蛋液　将鲜蛋在流水下洗净，待干后再用 75％酒精棉球消毒蛋壳，然后根据检验要求，打开蛋壳取出蛋白、蛋黄或全蛋液，放入带有玻璃珠的灭菌瓶内，充分摇匀待检。

　　（3）巴氏杀菌全蛋粉、蛋白片、蛋黄粉　将检样放入带有玻璃珠的灭菌瓶内，按比率加入灭菌生理盐水充分摇匀待检。

　　（4）巴氏杀菌冰全蛋、冰蛋白、冰蛋黄　将装有冰蛋检样的瓶浸泡于流动冷水中，使检样融化后取出，放入带有玻璃珠的灭菌瓶中充分摇匀待检。

　　（5）各种蛋制品沙门菌增菌培养　以无菌手续称取检样，接种于亚硒酸盐煌绿或煌绿肉汤等增菌培养基中（此培养基预先盛有适量玻璃珠），盖紧瓶盖，充分摇匀。然后放入

36℃±1℃恒温箱中，培养20h±2h。

（6）接种以上各种蛋与蛋制品的数量及培养基的数量和成分　凡用亚硒酸盐煌绿增菌培养时，各种蛋与蛋制品的检样接种数量都为30g，培养基数量为150mL。凡用煌绿肉汤进行增菌培养时，检样接种数量、培养基数量和浓度见表3-1。

表3-1　检样接种数量、培养基数量和浓度

检样种类	检样接种数量	培养基数量/mL	煌绿浓度(g：mL)
巴氏杀菌全蛋粉	6g(加24mL灭菌水)	120	1：6000～1：4000
蛋黄粉	6g(加24mL灭菌水)	120	1：6000～1：4000
鲜蛋液	6mL(加24mL灭菌水)	120	1：6000～1：4000
蛋白片	6g(加24mL灭菌水)	120	1：1000000
巴氏杀菌冰全蛋	30g	150	1：6000～1：4000
冰蛋黄	30g	150	1：6000～1：4000
冰蛋白	30g	150	1：60000～1：50000
鲜蛋、糟蛋、皮蛋	30g	150	1：6000～1：4000

注：煌绿应在临用时加入肉汤中。煌绿浓度系以检样和肉汤的总量计算。

（四）水产食品检验样品采集与处理

本方法适用于水产食品的微生物学检验。水产食品种类繁多，鱼类、甲壳类、贝壳类的生态习性和体型结构差异较大。在对水产食品进行卫生微生物学检验时，应按上述品种特性和检验目的合理地选择采样部位和处理检样。

1. 样品采集

现场采取水产食品样品时，应按检验目的和水产品的种类确定采样量。除个别大型鱼类和海兽只能割取其局部作为样品外，一般都采完整的个体，待检验时再按要求在一定部位采取检样。在以判断质量鲜度为目的时，鱼类和体型较大的贝甲类虽然应以一个个体为一件样品，单独采取一个检样。但当对一批水产品作质量判断时，仍须采取多个个体做多件检样以反映全面质量，而一般小型鱼类和小虾、小蟹，因个体过小在检验时只能混合采取检样，在采样时须采数量更多的个体，鱼糜制品（如灌肠，鱼丸等）和熟制品采取250g，放灭菌容器内。

水产食品含水分较多，体内酶的活力也较旺盛，易于变质。因此在采好样品后应在最短时间内送检，在送检途中应加冰保存。

2. 检样的处理

（1）鱼类　采取检样的部位为背肌。先用流水将鱼体体表冲净，去鳞，再用75％酒精棉球擦洗鱼背，待干后用灭菌刀在鱼背部沿脊椎切开5cm，再切开两端使两块背肌分别向两侧翻开。然后用无菌剪子剪取肉25g放入灭菌乳钵内，用灭菌剪子剪碎，加灭菌海砂或石英砂研磨（有条件情况下可用均质器）。检样磨碎后加入225mL灭菌生理盐水，混匀成稀释液。

注：剪取肉样时，勿触破及沾上鱼皮。鱼糜制品和熟制品应放乳钵内进一步捣碎后，再加生理盐水混匀成稀释液。

（2）虾类　采取检样的部位为腹节内的肌肉。将虾体在流水下冲洗，摘去头胸节，用灭

菌剪子剪除腹节与头胸节连接处的肌肉，然后挤出腹节内的肌肉，称取 25g 放入灭菌乳钵内，以后操作同鱼类检样处理。

（3）蟹类　采取检样的部位为胸部肌肉。将蟹体在流水下冲净，剥去壳盖和腹脐，再去除鳃条，复置流水下冲净。用 75％酒精棉球擦拭前后外壁，置灭菌搪瓷盘上待干。然后用灭菌剪子剪开成左右两片，再用双手将一片蟹体的胸部肌肉挤出（用手指从足跟一端向剪开的一端挤压），称取 25g 置灭菌乳钵内。以下操作同鱼类检样处理。

（4）贝壳类　采样部位为贝壳内容物。先用流水刷洗贝壳，刷净后放在铺有灭菌毛巾的清洁的搪瓷盘或工作台上。采样者将双手洗净并用 75％酒精棉球涂擦消毒后，用灭菌小钝刀从贝壳的张口处隙缝中徐徐切入撬开壳盖，再用灭菌镊子取出整个内容物，称取 25g 置灭菌乳钵内，以下操作同鱼类检样处理。

> 注：水产食品兼受海洋细菌和陆上细菌的污染，检验时细菌培养温度点应为 30℃，以上检样的方法和检验部位均以检验水产食品肌肉内细菌含量从而判断其鲜度质量为目的。如需检查水产食品是否带染某种致病菌，其检样部位应采胃肠消化道和鳃等呼吸器官，鱼类检样肠管和腮；虾类检取头胸节内的内脏和腹节外沿处的肠管；蟹类检取胃和鳃条；贝类中的螺类检取腹足肌肉以下的部分；贝壳中的双壳类检取覆盖在斧足肌肉外层的内脏和瓣鳃。

（五）冷冻饮品、饮料检验样品采集与处理

本方法适用于冷冻饮品（冰淇淋、冰棍、雪糕和食用冰块）以及饮料〔果、蔬汁饮料，含乳饮料，碳酸饮料，植物蛋白饮料，碳酸型茶饮料，固体饮料，可可粉固体饮料，乳酸菌饮料，罐装茶饮料，罐装型植物蛋白饮料（以罐头工艺生产），瓶（桶）装饮用纯净水，低温复原果汁等〕的检验。

清凉饮料食品一般分为冷冻饮品和液体饮料两大类，冷冻饮品如冰棍、冰淇淋等，大多用果汁、豆类、牛奶及鸡蛋等营养较丰富的成分所制成。液体饮料一般用果汁、蔗糖等原料所制成。该类食品在制作过程中由于原料、设备及容器消毒不彻底，常常造成各种微生物的污染和繁殖，有可能造成食物中毒及肠道疾病的传播。在对清凉饮料食品进行卫生微生物学检验时，应按各品种性状合理采样和处理检样。

1. 样品的采取和送检

按食品安全国家标准《食品微生物学检验　总则》执行。

（1）果蔬汁饮料、碳酸饮料、茶饮料、固体饮料　应采取原瓶、袋和盒装样品。

（2）冷冻饮品　采取原包装样品。

（3）样品采取后，应立即送检。如不能立即检验，应置冰箱保存。

2. 样品采取数量

按食品安全国家标准《食品微生物学检验　总则》执行。

3. 检样的处理

（1）瓶装饮料　用点燃的酒精棉球灼烧瓶口灭菌，用石炭酸纱布盖好，塑料瓶口可用75％酒精棉球擦拭灭菌，用灭菌开瓶器将盖启开。含有二氧化碳的饮料可倒入另一灭菌容器内，口勿盖紧；覆盖一灭菌纱布，轻轻摇荡，待气体全部逸出后，进行检验。

（2）冰棍　用灭菌镊子除去包装纸，将冰棍部分放入灭菌广口瓶内，木棒留在瓶外，盖上瓶盖，用力抽出木棒，或用灭菌剪子剪去木棒，置 45℃水浴 30min，融化后立即进行检验。

（3）冰淇淋　放在灭菌容器内，待其融化，立即进行检验。

（六）调味品检验样品采集与处理

本方法适用于调味品（包括酱油、酱类和醋等以豆类及其粮食作物为原料发酵制成的）及水产调味品的检验。调味品往往由于原料的污染及加工制作、运输中不注意卫生，可污染上肠道细菌、需氧和厌氧芽孢杆菌。在对调味品进行卫生微生物学检验时，应按各品种性状合理采样和处理检样。

1. 样品的采取和送检

样品送往化验室后应立即检验或放冰箱暂存。

2. 样品采取数量

按食品安全国家标准《食品微生物学检验　总则》执行。

3. 样品的处理

（1）瓶装样品，用点燃的酒精棉球消毒瓶口，用石炭酸纱布盖好，再用灭菌的开瓶器开启后进行检验；袋装样品用75％酒精棉球消毒袋口后进行检验。

（2）酱类　用无菌操作称取25g放入灭菌容器内，加入225mL灭菌蒸馏水吸取酱油25mL，加入灭菌225mL蒸馏水，制成混悬液。

（3）食醋　用灭菌的20％～30％碳酸钠调pH至中性。

（七）冷食菜、豆制品检验样品采集与处理

本方法适用于冷食菜、非发酵豆制品及面筋、发酵豆制品的检验。冷食菜多为蔬菜不经加热而制成的凉拌菜。该类食品由于蔬菜、炊事用具及操作人员的手等消毒不彻底，造成细菌的污染，豆制品食品大多由于加工后，通过盛具、运输及售卖等环节不注意卫生，污染了存在于空气、土壤中的细菌，上述两种食品如不加强卫生管理，极易造成食物中毒及肠道疾病的传播。在对冷食菜、豆制品进行卫生微生物学检验时，应按各品种性状合理采样和处理检样。

1. 样品的采取和送检

采样时应注意样品代表性，采取接触盛器边缘、底部及上面不同部位样品，放入灭菌容器内。样品送往化验室应立即检验或放置冰箱暂存，不得加入任何防腐剂，定型包装样品则随机采取。

2. 样品的采取数量

按食品安全国家标准《食品微生物学检验　总则》执行。

3. 检样处理

以无菌操作称取25g检样，放入225mL灭菌蒸馏水，用均质器打碎1min制成混悬液。定型包装样品，先用75％酒精棉球消毒包装袋口，用灭菌剪刀剪开后以无菌操作称取25g检样，放入225mL无菌蒸馏水，用均质器打碎1min，制成混悬液。

（八）糖果、糕点、蜜饯检验样品采集与处理

本方法适用于糖果、糕点（饼干）、蜜饯的检验。糖果、糕点（饼干）、蜜饯等食品大多是由糖、牛乳、鸡蛋等原料制成（蜜饯为水果腌制）的甜食品，部分食品有纸包装。污染机会较少，但由于包装纸、盒不清洁或没有包装的食品放于不洁的容器内，可造成污染；带馅的糕点往往因加热不彻底，存放时间长或温度高，也可使细菌大量繁殖；带有奶花的糕点，当存放时间长时，细菌可大量繁殖，造成食品变质。在对糖果、糕点、蜜饯进行卫生微生物学检验时，应按各品种性状合理采样和处理检样。

1. 样品采取和送检

糕点（饼干）、面包、蜜饯可用灭菌镊子夹取不同部位样品，放入灭菌容器内，糖果采取原包装样品，采取后立即送检。

2. 样品采取数量

按食品安全国家标准《食品微生物学检验　总则》执行。

3. 样品的处理

（1）糕点（饼干）、面包　如为原包装，用灭菌镊子夹下包装纸，采取外部及中心部位检样。如为带馅糕点应取外皮及内馅 25g；裱花糕点，采取奶花及糕点部分各一半共 25g，加入 225mL 灭菌生理盐水中，制成混悬液。

（2）蜜饯　采取不同部位称取 25g 检样，加入 225mL 灭菌生理盐水中制成混悬液。

（3）糖果　用灭菌镊子夹去包装纸，称取数量共 25g，加入预温至 45℃ 的 225mL 灭菌生理盐水中，待溶化后检验。

（九）酒类检验样品采集与处理

本方法适用于发酵酒中的啤酒（鲜啤酒和熟啤酒）、果酒、黄酒、葡萄酒的检验。因酒精度低，不能抑制细菌生长。污染来源主要来自原料或加工过程中不注意卫生操作而污染水、土壤及空气中的细菌，尤其散装生啤酒，因不经加热往往生存有大量细菌。在对酒类进行卫生微生物学检验时，应合理采样和处理检样。

1. 样品的采取和送检

发酵酒样品的采样按食品安全国家标准《食品微生物学检验　总则》执行。

2. 检样的处理

用点燃的酒精棉球烧灼瓶口灭菌，用石炭酸纱布盖好，再用灭菌开瓶器将盖启开。含有二氧化碳的酒类可倒入另一灭菌容器中，口勿盖紧，盖一灭菌纱布，轻轻摇荡，待气体全部逸出后，进行检验。

（十）粮谷、果蔬类食品检验

本方法适用以粮谷、果蔬类为原料加工的食品，包括膨化食品、淀粉类食品、油炸小食品、早餐谷物、方便面、速冻预包装面米食品、酱腌菜等的检验。在对粮谷、果蔬类食品进行卫生微生物学检验时，应按各品种性状合理采样和处理检样。

1. 样品的采取和送检

（1）定型包装食品　应采取整件包装样品，采样时注意包装的完整性，散装样品用灭菌用具采样，放入灭菌带塞广口瓶中，及时送实验室检验。

（2）采样数量　按食品安全国家标准《食品微生物学检验　总则》执行。

2. 检样的处理

（1）膨化食品、油炸小食品、早餐谷物、酱腌菜等　定型包装样品用无菌操作开封取样，称取 25g；散装样品用无菌操作称取 25g，放入装有 225mL 灭菌生理盐水的均质器中，制成 1:10 稀释液。

（2）方便面

① 未配有调味料的方便面　用无菌操作开封取样，称取面块 25g，放入装有 225mL 灭菌生理盐水的均质器中，制成 1:10 匀液。

② 配有调味料的方便面　用无菌操作开封取样，将面块和全部调料及配料一起称重，按 1:1 加入灭菌生理盐水，制成检样匀液。称取 50g 匀液加至 200mL 灭菌生理盐水中，制成 1:10 稀释液，做菌落总数、大肠菌群和金黄色葡萄球菌检验；称取 50g 匀液加至 225mL

GN 增菌液中做志贺菌前增菌；称取 50g 匀液加至 225mL BP 增菌液中，做沙门菌前增菌。

（3）速冻预包装面米制品　用无菌操作开封取样，将面米和全部调料及配料一起称重，按 1∶1 加入灭菌生理盐水，制成检样匀液，称取样品 50g 匀液，放入含有 200mL 灭菌生理盐水的均质器中，置 45℃水浴 30min，化冻后立即进行检验。

（4）干果食品、烘炒食品

① 定型包装样品用无菌操作开封取样；

② 带壳样品先用 75％酒精消毒表面，再用无菌剪刀剪去外壳，取出果肉，称取 25g 样品；

③ 不带壳样品无菌操作直接称取 25g 检样，放入含有 225mL 无菌生理盐水中，制成 1∶10 稀释液。

五、作业与思考题

1. 食品检验样品采集的原则是什么？为什么不同样品采集量不同？

2. 所有样品处理方法是否一致，为何？

实验二十四　食品安全国家标准　食品微生物学检验 菌落总数的测定

一、目的要求

掌握平板菌落计数法测定食品中菌落总数的基本原理和方法；了解菌落总数测定在对被检样品进行安全学评价的意义。

二、基本原理

菌落总数的测定是食品微生物检验中的重要指标，从安全卫生学的角度来说，菌落总数可以用来判定食品被细菌污染的程度及卫生质量，它反映了食品在生产过程中是否受到污染，以便对被检样品做出适当的安全学评价。菌落总数的多少在一定程度上标志着食品卫生质量的优劣。

食品检样经过处理，在一定条件下（如培养基、培养温度和培养时间等）培养后，所得每 1g（mL）检样中形成的微生物菌落总数。

平板菌落计数法又称标准平板活菌计数法（standard plate count，SPC），是最常用的一种活菌计数法。即将待测样品经适当稀释之后，其中的微生物充分分散成单个细胞，取一定量的稀释样液涂布到平板上，经过培养，由每个单细胞生长繁殖而形成肉眼可见的菌落，即一个单菌落应代表原样品中的一个单细胞；统计菌落数，根据其稀释倍数和取样接种量即可换算出样品中的含菌数。由于测定的温度是在 37℃ 有氧条件下培养的结果，故厌氧菌、微氧菌、嗜冷菌、嗜热菌在此条件下不能生长，有特殊营养要求的细菌也受到限制。因此，这种方法所得到的结果实际上只包括一群在平板计数琼脂培养基中发育、嗜中温的需氧或兼性厌氧的菌落总数，并不表示实际中的所有细菌总数。但由于在自然界这类细菌占大多数，其数量的多少能反映出样品中细菌的总数。所以用该方法来测定食品中含有的细菌总数已得到了广泛的认可。此外，菌落总数不能区分其细菌的种类，所以有时被称为杂菌数或需氧菌数等。

三、器具材料

（1）设备和材料　除微生物实验室常规灭菌及培养设备外，其他设备和材料如下。

恒温培养箱：36℃±1℃、30℃±1℃，冰箱：2～5℃，恒温水浴箱：46℃±1℃，天平：感量 0.1g，均质器，振荡器，无菌吸管：1mL（具 0.01mL 刻度）、10mL（具 0.1mL 刻度）或微量移液器及吸头，无菌锥形瓶：容量 250mL、500mL，无菌培养皿：直径 90mm，pH 计或 pH 比色管或精密 pH 试纸，放大镜或（和）菌落计数器或 Petrifilm™ 自动判读仪。

（2）培养基和试剂　平板计数琼脂（plate count agar，PCA）培养基，磷酸盐缓冲液，无菌生理盐水。

四、操作步骤（参阅"GB/T 4789.2—2010"）

1. 检验程序

菌落总数的检验程序如图 3-1 所示。

2. 样品的稀释

（1）固体和半固体样品　称取 25g 样品置盛有 225mL 无菌磷酸盐缓冲液或生理盐水的无菌均质杯内，8000～10000r/min 均质 1～2min，或放入盛有 225mL 无菌稀释液的无菌均

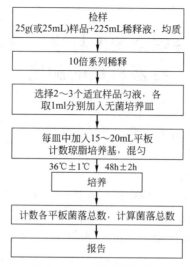

图 3-1　菌落总数的检验程序

质袋中，用拍击式均质器拍打 1～2min，制成 1：10 的样品匀液。

（2）液体样品　以无菌吸管吸取 25mL 样品置盛有 225mL 无菌磷酸盐缓冲液或生理盐水的无菌锥形瓶（瓶内预置适当数量的无菌玻璃珠）中，充分混匀，制成 1：10 的样品匀液。

（3）用 1mL 无菌吸管或微量移液器吸取 1：10 样品匀液 1mL，沿管壁缓慢注于盛有9mL 稀释液的无菌试管中（注意吸管或吸头尖端不要触及稀释液面），振摇试管或换用一支无菌吸管反复吹打使其混合均匀，制成 1：100 的样品匀液。

（4）按上述操作，依次制成 10 倍递增系列稀释样品匀液。每递增稀释一次，换用一次1mL 无菌吸管或吸头。

（5）根据对样品污染状况的估计，选择 2～3 个适宜稀释度的样品匀液（液体样品可包括原液），在进行 10 倍递增稀释时，每个稀释度分别吸取 1mL 样品匀液加入两个无菌平皿内。同时分别取 1mL 稀释液加入两个无菌平皿作空白对照。

（6）及时将 15～20mL 冷却至 46℃ 的平板计数琼脂培养基（可放置于 46℃±1℃ 恒温水浴箱中保温）倾注平皿，并转动平皿使其混合均匀。

3．培养

（1）琼脂凝固后，将平板翻转，36℃±1℃ 培养 48h±2h。水产品 30℃±1℃ 培养72h±3h。

（2）如果样品中可能含有在琼脂培养基表面弥漫生长的菌落时，可在凝固后的琼脂表面覆盖一薄层琼脂培养基（约 4mL），凝固后翻转平板，按（1）条件进行培养。

4．菌落计数

可用肉眼观察，必要时用放大镜或菌落计数器，记录稀释倍数和相应的菌落数量。

（1）选取菌落数在 30～300CFU 之间、无蔓延菌落生长的平板计数菌落总数。低于30CFU 的平板记录具体菌落数，大于 300CFU 的可记录为多不可计。每个稀释度的菌落数应采用两个平板的平均数。

（2）其中一个平板有较大片状菌落生长时，则不宜采用，而应以无片状菌落生长的平板作为该稀释度的菌落数；若片状菌落不到平板的一半，而其余一半中菌落分布又很均匀，即可计算半个平板后乘以 2，代表一个平板菌落数。

（3）当平板上出现菌落间无明显界线的链状生长时，则将每条单链作为一个菌落计数。

5. 结果的表述

（1）菌落总数的计算方法

① 若只有一个稀释度平板上的菌落数在适宜计数范围内，计算两个平板菌落数的平均值，再将平均值乘以相应稀释倍数，作为每 1g（或 mL）中菌落总数结果。

② 若有两个连续稀释度的平板菌落数在适宜计数范围内时，按式(3-1) 计算：

$$N = \sum C / (n_1 + 0.1 n_2) d \tag{3-1}$$

式中　N——样品中菌落数；

　　$\sum C$——平板（含适宜范围菌落数的平板）菌落数之和；

　　n_1——第一个适宜稀释度（低稀释倍数）的平板个数；

　　n_2——第二个适宜稀释度（高稀释倍数）的平板个数；

　　d——稀释因子（第一稀释度）。

示例：

稀释度	1∶100(第一稀释度)	1∶1000(第二稀释度)
菌落数/CFU	232，244	33，35

$$N = \frac{232 + 244 + 33 + 35}{(2 + 0.1 \times 2) \times 0.01} = \frac{544}{0.022} = 24727 \text{CFU}$$

按（2）菌落总数的报告的②规则，菌落数表示为 25000CFU 或 2.5×10^4CFU。

③ 若所有稀释度的平板上菌落数均大于 300CFU，则对稀释度最高的平板进行计数，其他平板可记录为多不可计，结果按平均菌落数乘以最高稀释倍数计算。

④ 若所有稀释度的平板菌落数均小于 30CFU，则应按稀释度最低的平均菌落数乘以稀释倍数计算。

⑤ 若所有稀释度（包括液体样品原液）平板均无菌落生长，则以小于 1 乘以最低稀释倍数计算。

⑥ 若所有稀释度的平板菌落数均不在 30～300CFU 之间，其中一部分小于 30CFU 或大于 300CFU 时，则以最接近 30CFU 或 300CFU 的平均菌落数乘以稀释倍数计算。

（2）菌落总数的报告

① 菌落数在 100CFU 以内时，按"四舍五入"原则修约，采用两位有效数字报告。

② 大于或等于 100CFU 时，第三位数字采用"四舍五入"原则修约后，取前两位数字，后面用 0 代替位数；也可用 10 的指数形式来表示，按"四舍五入"原则修约后，采用两位有效数字。

③ 若所有平板上为蔓延菌落而无法计数，则报告菌落蔓延。

④ 若空白对照上有菌落生长，则此次检测结果无效。

⑤ 称重取样以 CFU/g 为单位报告，体积取样以 CFU/mL 为单位报告。

五、作用与思考题

1. 稀释平板计数法应注意些什么问题？

2. 在食品安全微生物学检验中，为什么要以菌落总数为指标？

实验二十五　食品安全国家标准　食品微生物学检验 大肠菌群计数

一、目的要求

学习并掌握食品中大肠菌群 MPN 计数法；了解大肠菌群在食品卫生学检验中的意义。

二、基本原理

大肠菌群系一群在 37℃，24～48h 能发酵乳糖，产酸产气，需氧和兼性厌氧的 G⁻ 无芽孢杆菌。大肠菌群主要是由肠杆菌科中四个菌属内的一些细菌所组成，即埃希菌属、柠檬酸杆菌属、克雷伯菌属及肠杆菌属。该菌群主要来源于人畜粪便，作为粪便污染指标评价食品的卫生状况，推断食品中肠道致病菌污染的可能。最可能数 MPN 是基于泊松分布的一种间接计算方法，大肠菌群 MPN 计算法的原理是根据大肠菌群的定义，利用其发酵乳糖、产酸产气的特征，经试验证实为大肠菌群阳性管数，查 MPN 表报告单位量的样品中大肠菌群 MPN。

三、器具材料

（1）实验仪器和设备　除微生物实验室常规灭菌及培养设备外，还需恒温培养箱，冰箱，恒温水浴箱，天平，均质器，振荡器，无菌吸管，微量移液器及吸头，无菌锥形瓶，无菌培养皿，pH 计，菌落计数器。

（2）培养基和试剂　月桂基硫酸盐胰蛋白胨（Lauryl Sulfate Tryptose，LST）肉汤，煌绿乳糖胆盐（Brilliant Green Lactose Bile，BGLB）肉汤，结晶紫中性红胆盐琼脂（Violet Red Bile Agar，VRBA），磷酸盐缓冲液，无菌生理盐水，无菌 1mol/L 氢氧化钠溶

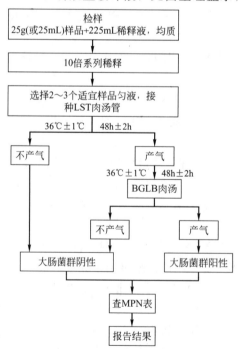

图 3-2　大肠菌群 MPN 计数法检验程序

液，无菌 1mol/L 盐酸溶液。

四、操作步骤

（一）大肠菌群 MPN 计数法

1. 检验程序

大肠菌群 MPN 计数的检验程序见图 3-2。

2. 操作步骤

（1）样品的稀释

① 固体和半固体样品　称取 25g 样品，放入盛有 225mL 无菌磷酸盐缓冲液或生理盐水的无菌均质杯内，8000～10000r/min 均质 1～2min，或放入盛有 225mL 无菌磷酸盐缓冲液或生理盐水的无菌均质袋中，用拍击式均质器拍打 1～2min，制成 1∶10 的样品匀液。

② 液体样品　以无菌吸管吸取 25mL 样品置盛有 225mL 无菌磷酸盐缓冲液或生理盐水且内含玻璃珠的无菌锥形瓶中，充分混匀，制成 1∶10 的样品匀液。

③ 样品匀液的 pH 值应在 6.5～7.5 之间，必要时分别用 1mol/L 氢氧化钠或 1mol/L 盐酸调节。

表 3-2　大肠菌群最可能数（MPN）检索表

阳性管数			MPN	95%可信限		阳性管数			MPN	95%可信限	
0.1	0.01	0.001		下限	上限	0.1	0.01	0.001		下限	上限
0	0	0	<3.0	—	9.5	2	2	0	21	4.5	42
0	0	1	3	0.15	9.6	2	2	1	28	8.7	94
0	1	0	3	0.15	11	2	2	2	35	8.7	94
0	1	1	6.1	1.2	18	3	0	0	29	8.7	94
0	2	0	6.2	1.2	18	3	0	1	36	8.7	94
0	3	0	9.4	3.6	38	3	0	2	23	4.6	94
1	0	0	3.6	0.17	18	3	0	1	38	8.7	110
1	0	1	7.2	1.3	18	3	0	1	64	17	180
1	0	2	11	3.6	38	3	1	0	43	9	180
1	1	0	7.4	1.3	20	3	1	1	75	17	200
1	1	1	11	3.6	38	3	1	2	120	37	420
1	2	0	11	3.6	42	3	1	3	160	40	420
1	2	1	15	4.5	42	3	2	0	93	18	420
1	3	0	16	4.5	42	3	2	1	150	37	420
2	0	0	9.2	1.4	38	3	2	2	210	40	430
2	0	1	14	3.6	42	3	2	3	290	90	1000
2	0	2	20	4.5	42	3	3	0	240	42	1000
2	1	0	15	3.7	42	3	3	1	460	90	2000
2	1	1	20	4.5	42	3	3	2	1100	180	4100
2	1	2	27	8.7	94	3	3	3	>1100	420	—

注：1. 本表采用 3 个稀释度 [0.1g（mL）、0.01g（mL）和 0.001g（mL）]，每个稀释度接种 3 管。

2. 表内所列检样量如改用 1g（mL）、0.1g（mL）和 0.01g（mL）时，表内数字应相应降低 10 倍；如改用 0.01g（mL）、0.001g（mL）、0.0001g（mL）时，则表内数字应相应增高 10 倍，其余类推。

④ 用 1mL 无菌吸管或微量移液器吸取 1∶10 样品匀液 1mL，沿管壁缓缓注入盛有 9mL 磷酸盐缓冲液或生理盐水的无菌试管中（注意吸管或吸头尖端不要触及稀释液面），振摇试管或换用 1 支 1mL 无菌吸管反复吹打，使其混合均匀，制成 1∶100 的样品匀液。

⑤ 根据对样品污染状况的估计，按上述操作，依次制成 10 倍递增系列稀释样品匀液。每递增稀释 1 次，换用 1 支 1mL 无菌吸管或吸头。从制备样品匀液至样品接种完毕，全过程不得超过 15min。

（2）初发酵试验　每个样品，选择 3 个适宜的连续稀释度的样品匀液（液体样品可以选择原液），每个稀释度接种 3 管 LST 肉汤，每管接种 1mL（如接种量超过 1mL，则用双料 LST 肉汤），36℃±1℃ 培养 24h±2h，观察倒管内是否有气泡产生，24h±2h 产气者进行复发酵试验，如未产气则继续培养至 48h±2h，产气者进行复发酵试验。未产气者为大肠菌群阴性。

（3）复发酵试验　用接种环从产气的 LST 肉汤管中分别取培养物 1 环，移种于 BGLB 管中，36℃±1℃ 培养 48h±2h，观察产气情况。产气者，计为大肠菌群阳性管。

（4）大肠菌群最可能数（MPN）的报告　按"复发酵试验"确证的大肠菌群 LST 阳性管数，检索 MPN 表（见表 3-2），报告每 1g（mL）样品中大肠菌群的 MPN 值。

（二）大肠菌群平板计数法

1. 检验程序

大肠菌群平板计数法的检验程序见图 3-3。

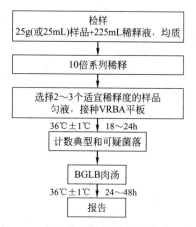

图 3-3　大肠菌群平板计数法检验程序

2. 操作步骤

（1）样品的稀释

同"大肠菌群 MPN 计数法"。

（2）平板计数

① 选取 2～3 个适宜的连续稀释度，每个稀释度接种 2 个无菌平皿，每皿 1mL。同时取 1mL 生理盐水加入无菌平皿作空白对照。

② 及时将 15～20mL 冷至 46℃ 的 VRBA 倾注于每个平皿中。小心旋转平皿，将培养基与样液充分混匀，待琼脂凝固后，再加 3～4mL VRBA 覆盖平板表层。翻转平板，置于 36℃±1℃ 培养 18～24h。

（3）平板菌落数的选择　选取菌落数在 15～150CFU 之间的平板，分别计数平板上出现的典型和可疑大肠菌群菌落。典型菌落为紫红色，菌落周围有红色的胆盐沉淀环，菌落直径为 0.5mm 或更大。

（4）证实试验　从 VRBA 平板上挑取 10CFU 不同类型的典型和可疑菌落，分别移种于 BGLB 肉汤管内，36℃±1℃培养 24～48h，观察产气情况。凡 BGLB 肉汤管产气者，即可报告为大肠菌群阳性。

（5）大肠菌群平板计数的报告　经最后证实为大肠菌群阳性的试管比例乘以（3）中计数的平板菌落数，再乘以稀释倍数，即为每 1g（mL）样品中大肠菌群数。例：10^{-4} 样品稀释液 1mL，在 VRBA 平板上有 100CFU 典型和可疑菌落，挑取其中 10CFU 接种 BGLB 肉汤管，证实有 6 个阳性管，则该样品的大肠菌群数为：$100 \times 6/10 \times 10^4/g(mL) = 6.0 \times 10^5 CFU/g(mL)$。

五、作业与思考题

1. 什么是大肠菌群？检验大肠菌群的意义是什么？

2. 根据大肠菌群的特征，还可以设计哪些试验来检验食品中是否存在大肠杆菌？

实验二十六　食品安全国家标准　食品微生物学检验　霉菌和酵母计数

一、目的要求

学习并掌握食品中霉菌和酵母的检测和计数方法；了解霉菌和酵母在食品卫生学检验中的意义。

二、基本原理

霉菌和酵母菌广泛分布于外界环境中，它们在食品上可以作为正常菌相的一部分，或者作为空气传播性污染物，在消毒不恰当的设备上也可被发现。各类食品和粮食由于遭受霉菌和酵母菌的侵染，常常发生霉坏变质，有些霉菌的有毒代谢产物引起各种急性和慢性中毒，特别是有些霉菌毒素具有强烈的致癌性。实践证明，一次大量食入或长期少量食入，能诱发癌症。目前，已知的产毒霉菌如青霉、曲霉和镰刀菌在自然界分布较广，对食品的侵染机会也较多，因此，对食品加强霉菌的检验，在食品卫生学上具有重要的意义。

霉菌和酵母菌菌数的测定是指食品检样经过处理，在一定条件下培养后，所得 1g 或 1mL 检样中所含的霉菌和酵母菌菌落数（粮食样品是指 1g 粮食表面的霉菌总数）。霉菌和酵母菌数主要作为判定食品被霉菌和酵母菌污染程度的标志，以便对食品的卫生状况进行评价。

三、器具材料

（1）实验仪器和设备　除微生物实验室常规灭菌及培养设备外，还需恒温培养箱、冰箱、均质器、恒温振荡器、显微镜、电子天平、无菌锥形瓶、广口瓶、无菌吸管、无菌平皿、无菌试管、无菌牛皮纸袋、无菌塑料袋。

（2）培养基和试剂　马铃薯-葡萄糖-琼脂培养基，孟加拉红培养基。

四、操作步骤

1. 检验程序

霉菌和酵母计数的检验程序见图 3-4。

2. 样品的稀释

（1）固体和半固体样品　称取 25g 样品至盛有 225mL 灭菌蒸馏水的锥形瓶中，充分振摇，即为 1∶10 稀释液。或放入盛有 225mL 无菌蒸馏水的均质袋中，用拍击式均质器拍打 2min，制成 1∶10 的样品匀液。

（2）液体样品　以无菌吸管吸取 25mL 样品至盛有 225mL 无菌蒸馏水的锥形瓶（可在瓶内预置适当数量的无菌玻璃珠）中，充分混匀，制成 1∶10 的样品匀液。

（3）取 1mL 1∶10 稀释液注入含有 9mL 无菌水的试管中，另换一支 1mL 无菌吸管反复吹吸，此液为 1∶100 稀释液。

（4）按（3）中操作程序，制备 10 倍系列稀释样品匀液。每递增稀释一次，换用 1 支 1mL 无菌吸管。

（5）根据对样品污染状况的估计，选择 2～3 个适宜稀释度的样品匀液（液体样品可包括原液），在进行 10 倍递增稀释的同时，每个稀释度分别吸取 1mL 样品匀液于 2 个无菌平皿内。同时分别取 1mL 样品稀释液加入 2 个无菌平皿作空白对照。

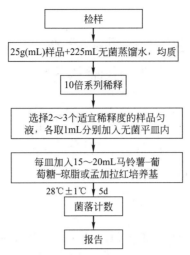

图 3-4　霉菌和酵母计数的检验程序

（6）及时将 15～20mL 冷却至 46℃的马铃薯-葡萄糖-琼脂或孟加拉红培养基（可放置于46℃±1℃恒温水浴箱中保温）倾注平皿，并转动平皿使其混合均匀。

3. 培养

待琼脂凝固后，将平板倒置，28℃±1℃培养 5d，观察并记录。

4. 菌落计数

肉眼观察，必要时可用放大镜，记录各稀释倍数和相应的霉菌和酵母数。选取菌落数在10～150CFU 的平板，根据菌落形态分别计数霉菌和酵母数。霉菌蔓延生长覆盖整个平板的可记录为多不可计。菌落数应采用两个平板的平均数。

5. 结果与报告

（1）计算　计算两个平板菌落数的平均值，再将平均值乘以相应稀释倍数计算。

① 若所有平板上菌落数均大于 150CFU，则对稀释度最高的平板进行计数，其他平板可记录为多不可计，结果按平均菌落数乘以最高稀释倍数计算。

② 若所有平板上菌落数均小于 10CFU，则应按稀释度最低的平均菌落数乘以稀释倍数计算。

③ 若所有稀释度平板均无菌落生长，则以小于 1 乘以最低稀释倍数计算；如为原液，则以小于 1 计数。

（2）报告

① 菌落数在 100CFU 以内时，按"四舍五入"原则修约，采用 2 位有效数字报告。

② 菌落数大于或等于 100CFU 时，前 3 位数字采用"四舍五入"原则修约后，取前 2 位数字，后面用 0 代替位数来表示结果；也可用 10 的指数形式来表示，此时也按"四舍五入"原则修约，采用 2 位有效数字。

③ 称重取样以 CFU/g 为单位报告，体积取样以 CFU/mL 为单位报告，报告或分别报告霉菌和/或酵母数。

五、作业与思考题

1. 为什么霉菌和酵母菌在菌落总数计数后的报告中所用的检出量与细菌菌落总数不同？

2. 霉菌和酵母菌的孟加拉红培养基中加入孟加拉红作用是什么？

实验二十七　食品安全国家标准　食品微生物学检验致病菌检验

Ⅰ．沙门菌检验

一、目的要求

学习沙门菌属的生化反应和原理；掌握沙门菌属的血清因子使用方法；掌握沙门菌属的系统检验方法。

二、基本原理

沙门菌属是一群形态和培养特性都类似的肠杆菌科中的一个大属，也是肠杆菌科中最重要的病原菌属，它包括2000多个血清型。沙门菌病常在动物中广泛传播，人的沙门菌感染和带菌也非常普通。由于动物的生前感染或食品受到污染，均可使人发生食物中毒。因此，检查食品中的沙门菌极为重要。食品中沙门菌的检验方法有5个基本步骤：①前增菌；②选择性增菌；③选择性平板分离；④生化试验；⑤血清学分型鉴定。根据沙门菌属的生化特征，借助于三糖铁、靛基质、尿素、KCN、赖氨酸等试验可与肠道其他菌属相区别。此外，本菌属的所有菌中均有特殊的抗原结构，借此也可以把它们分辨出来。

三、器具材料

（1）设备和材料　除微生物实验室常规灭菌及培养设备外，还需冰箱、恒温培养箱、均质器、振荡器、电子天平、无菌锥形瓶、无菌吸管、无菌培养皿、无菌试管、无菌毛细管、pH计、全自动微生物生化鉴定系统。

（2）培养基和试剂　缓冲蛋白胨水（BPW），四硫磺酸钠煌绿（TTB）增菌液，亚硒酸盐胱氨酸（SC）增菌液，亚硫酸铋（BS）琼脂，HE琼脂，木糖赖氨酸脱氧胆盐（XLD）琼脂，沙门菌属显色培养基，三糖铁（TSI）琼脂，蛋白胨水、靛基质试剂，尿素琼脂（pH7.2），氰化钾（KCN）培养基，赖氨酸脱羧酶试验培养基，邻硝基酚 β-D 半乳糖苷（ONPG）培养基，半固体琼脂，丙二酸钠培养基，沙门菌O和H诊断血清，生化鉴定试剂盒。

四、操作步骤

1. 检测程序

沙门菌检验程序见图3-5。

2. 操作步骤

（1）增菌前　称取25g（mL）样品放入盛有225mL无菌BPW的无菌均质杯中，以8000～10000r/min均质1～2min，或置于盛有225mL无菌BPW的无菌均质袋中，用拍击式均质器拍打1～2min。若样品为液态，不需要均质，振荡混匀。如需测定pH值，用1mol/mL无菌氢氧化钠或盐酸调至pH 6.8±0.2。

无菌操作将样品转至500mL无菌锥形瓶中，如使用均质袋，可直接进行培养，于36℃±1℃培养8～18h。如为冷冻产品，应在45℃以下不超过15min，或2～5℃不超过18h解冻。

（2）增菌　轻轻摇动培养过的样品混合物，移取1mL，转种于10mL TTB内，于42℃±1℃培养18～24h。同时，另取1mL，转种于10mL SC内，于36℃±1℃培养

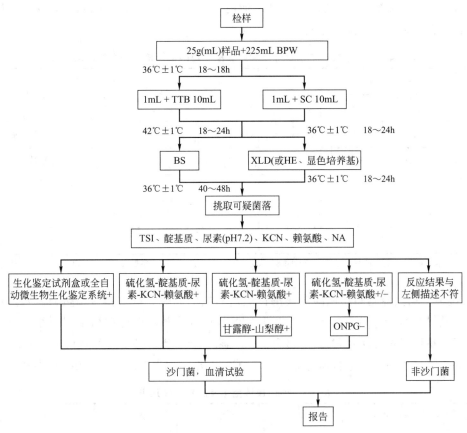

图 3-5　沙门菌检验程序

18～24h。

（3）分离　分别用接种环取增菌液 1 环，划线接种于一个 BS 琼脂平板和一个 XLD 琼脂平板（或 HE 琼脂平板或沙门菌属显色培养基平板）。于 36℃±1℃分别培养 18～24h（XLD 琼脂平板、HE 琼脂平板、沙门菌属显色培养基平板）或 40～48h（BS 琼脂平板），观察各个平板上生长的菌落，各个平板上的菌落特征见表 3-3。

表 3-3　沙门菌属在不同选择性琼脂平板上的菌落特征

选择性琼脂平板	沙　门　菌
BS 琼脂	菌落为黑色有金属光泽、棕褐色或灰色,菌落周围培养基可呈黑色或棕色;有些菌株形成灰绿色的菌落,周围培养基不变
HE 琼脂	蓝绿色或蓝色,多数菌落中心黑色或几乎全黑色;有些菌株为黄色,中心黑色或几乎全黑色
XLD 琼脂	菌落呈粉红色,带或不带黑色中心,有些菌株可呈现大的带光泽的黑色中心,或呈现全部黑色的菌落;有些菌株为黄色菌落,带或不带黑色中心
沙门菌属显色培养基	按照显色培养基的说明进行判定

（4）生化试验

① 自选择性琼脂平板上分别挑取 2 个以上典型或可疑菌落，接种三糖铁琼脂，先在斜面划线，再于底层穿刺；接种针不要灭菌，直接接种赖氨酸脱羧酶试验培养基和营养琼脂平

板，于 36℃±1℃ 培养 18～24h，必要时可延长至 48h。在三糖铁琼脂和赖氨酸脱羧酶试验培养基内，沙门菌属的反应结果见表 3-4。

表 3-4 沙门菌属在三糖铁琼脂和赖氨酸脱羧酶试验培养基内的反应结果

三糖铁琼脂				赖氨酸脱羧酶	初步判断
斜面	底层	产气	硫化氢		
K	A	+（-）	+（-）	+	可疑沙门菌属
K	A	+（-）	+（-）	-	可疑沙门菌属
A	A	+（-）	+（-）	+	可疑沙门菌属
A	A	+/-	+/-	-	非沙门菌属
K	K	+/-	+/-	+/-	非沙门菌属

注：K 表示产碱；A 表示产酸；+ 表示阳性；- 表示阴性；+（-）表示多数阳性，少数阴性；+/- 表示阳性或阴性。

② 接种三糖铁琼脂和赖氨酸脱羧酶试验培养基的同时，可直接接种蛋白胨水（供做靛基质试验）、尿素琼脂（pH7.2）、氰化钾（KCN）培养基，也可在初步判断结果后从营养琼脂平板上挑取可疑菌落接种。于 36℃±1℃ 培养 18～24h，必要时可延长至 48h，按表 3-5判定结果。将已挑菌落的平板贮存于 2～5℃ 或室温至少保留 24h，以备必要时复查。

表 3-5 沙门菌属生化反应初步鉴别表

反应序号	硫化氢（H₂S）	靛基质	尿素（pH7.2）	氰化钾（KCN）	赖氨酸脱羧酶
A1	+	-	-	-	+
A2	+	+	-	-	+
A3	+	-	-	-	+/-

注：+ 表示阳性；- 表示阴性；+/- 表示阳性或阴性。

a. 反应序号 A1。典型反应判定为沙门菌属。如尿素、KCN 和赖氨酸脱羧酶 3 项中有 1项异常，按表 3-6 可判定为沙门菌。如有 2 项异常为非沙门菌。

表 3-6 沙门菌属生化反应初步鉴别表

pH 7.2 尿素	氰化钾	赖氨酸脱羧酶	判定结果
-	-	-	甲型副伤寒沙门菌（要求血清学鉴定结果）
-	+	+	沙门菌Ⅳ或Ⅴ（要求符合本群生化特性）
+	-	+	沙门菌个别变体（要求血清学鉴定结果）

注：+ 表示阳性；- 表示阴性。

b. 反应序号 A2。补做甘露醇和山梨醇试验，沙门菌靛基质阳性变体两项试验结果均为阳性，但需要结合血清学鉴定结果进行判定。

c. 反应序号 A3。补做 ONPG。ONPG 阴性为沙门菌，同时赖氨酸脱羧酶阳性，甲型副伤寒沙门菌为赖氨酸脱羧酶阴性。

d. 必要时按表 3-7 进行沙门菌生化群的鉴别。

③ 如选择生化鉴定试剂盒或全自动微生物生化鉴定系统，可根据"（4）生化试验①"的初步判断结果，从营养琼脂平板上挑取可疑菌落，用生理盐水制备成浊度适当的菌悬液，使用生化鉴定试剂盒或全自动微生物生化鉴定系统进行鉴定。

（5）血清学鉴定

① 抗原的准备　一般采用 1.2%～1.5% 琼脂培养物作为玻片凝集试验用的抗原。

表 3-7　沙门菌属各生化群的鉴别

项　　目	Ⅰ	Ⅱ	Ⅲ	Ⅳ	Ⅴ	Ⅵ
卫矛醇	+	+	−	−	+	−
山梨醇	+	+	+	+	+	−
水杨苷	−	−	−	+	−	−
ONPG	−	−	+	−	+	−
丙二酸盐	−	+	+	−	−	−
KCN	−	−	−	+	−	−

注：＋表示阳性；－表示阴性。

O 血清不凝集时，将菌株接种在琼脂量较高的（如 2%～3%）培养基上再检查；如果是由于 Vi 抗原的存在而阻止了 O 凝集反应时，可挑取菌苔于 1mL 生理盐水中做成浓菌液，于酒精灯火焰上煮沸后再检查。H 抗原发育不良时，将菌株接种在 0.55%～0.65% 半固体琼脂平板的中央，待菌落蔓延生长时，在其边缘部分取菌检查；或将菌株通过装有 0.3%～0.4% 半固体琼脂的小玻管 1～2 次，自远端取菌培养后再检查。

② 多价菌体抗原（O）鉴定　在玻片上划出 2 个约 1cm×2cm 的区域，挑取 1 环待测菌，各放 1/2 环于玻片上的每一区域上部，在其中一个区域下部加 1 滴多价菌体（O）抗血清，在另一区域下部加入 1 滴生理盐水，作为对照。再用无菌的接种环或针分别将两个区域内的菌落研成乳状液。将玻片倾斜摇动混合 1min，并对着黑暗背景进行观察，任何程度的凝集现象皆为阳性反应。

③ 多价鞭毛抗原（H）鉴定　同多价菌体抗原（O）鉴定。

④ 血清学分型

a. O 抗原的鉴定。用 A～F 多价 O 血清做玻片凝集试验，同时用生理盐水做对照。在生理盐水中自凝者为粗糙形菌株，不能分型。

被 A～F 多价 O 血清凝集者，依次用 O4；O3；O10；O7；O8；O9；O2 和 O11 因子血清做凝集试验。根据试验结果，判定 O 群。被 O3、O10 血清凝集的菌株，再用 O10、O15、O34、O19 单因子血清做凝集试验，判定 E1、E2、E3、E4 各亚群，每一个 O 抗原成分的最后确定均应根据 O 单因子血清的检查结果，没有 O 单因子血清的要用两个 O 复合因子血清进行核对。

不被 A～F 多价 O 血清凝集者，先用 9 种多价 O 血清检查，如有其中一种血清凝集，则用这种血清所包括的 O 群血清逐一检查，以确定 O 群。每种多价 O 血清所包括的 O 因子如下：

O 多价 1　　A，B，C，D，E，F 群（并包括 6，14 群）

O 多价 2　　13，16，17，18，21 群

O 多价 3　　　28，30，35，38，39 群

O 多价 4　　　40，41，42，43 群

O 多价 5　　　44，45，47，48 群

O 多价 6　　　50，51，52，53 群

O 多价 7　　　55，56，57，58 群

O 多价 8　　　59，60，61，62 群

O 多价 9　　　63，65，66，67 群

b. H 抗原的鉴定。属于 A~F 各 O 群的常见菌型，依次用表 3-8 所述 H 因子血清检查第 1 相和第 2 相的 H 抗原。

表 3-8　A~F 群常见菌型 H 抗原表

O 群	第 1 相	第 2 相	O 群	第 1 相	第 2 相
A	a	无	D(不产气)	d	无
B	g,f,s	无	D(产气)	g,m,p,q	无
B	i,b,d	2	E1	h,v	6,w,x
C1	k,v,r,c	5,z15	E4	g,s,t	无
C2	b,d,r	2,5	E4	i	无

不常见的菌型，先用 8 种多价 H 血清检查，如有其中一种或两种血清凝集，则再用这一种或两种血清所包括的各种 H 因子血清逐一检查，以第 1 相和第 2 相的 H 抗原。8 种多价 H 血清所包括的 H 因子如下：

H 多价 1a，b，c，d，i

H 多价 2eh，enx，enz15，fg，gms，gpu，gp，gq，mt，gz51

H 多价 3k，r，y，z，z10，lv，lw，lz13，lz28，lz40

H 多价 4l，2；1，5；1，6；1，7；z6

H 多价 5 z4z23，z4z24，z4z32，z29，z35，z36，z38

H 多价 6 z39，z41，z42，z44

H 多价 7 z52，z53，z54，z55

H 多价 8 z56，z57，z60，z61，z62

每一个 H 抗原成分的最后确定均应根据 H 单因子血清的检查结果，没有 H 单因子血清的要用两个 H 复合因子血清进行核对。

检出第 1 相 H 抗原而未检出第 2 相 H 抗原的或检出第 2 相 H 抗原而未检出第 1 相 H 抗原的，可在琼脂斜面上移种 1~2 代后再检查。如仍只检出一个相的 H 抗原，要用位相变异的方法检查其另一个相。单相菌不必做位相变异检查。

位相变异试验方法如下。

小玻管法：将半固体管（每管约 1~2mL）在酒精灯上熔化并冷至 50℃，取已知相的 H 因子血清 0.05~0.1mL，加入于熔化的半固体内，混匀后，用毛细吸管吸取分装于供位相变异试验的小玻管内，待凝固后，用接种针挑取待检菌，接种于一端。将小玻管平放在平皿内，并在其旁放一团湿棉花，以防琼脂中水分蒸发而干缩，每天检查结果，待另一相细菌解离后，可以从另一端挑取细菌进行检查。培养基内血清的浓度应有适当的比例，过高时细菌不能生长，过低时同一相细菌的动力不能抑制。一般按原血清 1∶200~1∶800 的

量加入。

小倒管法：将两端开口的小玻管（下端开口要留一个缺口，不要平齐）放在半固体管内，小玻管的上端应高出于培养基的表面，灭菌后备用。临用时在酒精灯上加热熔化，冷至 50℃，挑取因子血清 1 环，加入小套管中的半固体内，略加搅动，使其混匀，待凝固后，将待检菌株接种于小套管中的半固体表层内，每天检查结果，待另一相细菌解离后，可从套管外的半固体表面取菌检查，或转种 1% 软琼脂斜面，于 37℃ 培养后再做凝集试验。

简易平板法：将 0.35%～0.4% 半固体琼脂平板烘干表面水分，挑取因子血清 1 环，滴在半固体平板表面，放置片刻，待血清吸收到琼脂内，在血清部位的中央点种待检菌株，培养后，在形成蔓延生长的菌苔边缘取菌检查。

c. Vi 抗原的鉴定。用 Vi 因子血清检查。已知具有 Vi 抗原的菌型有：伤寒沙门菌，丙型副伤寒沙门菌，都柏林沙门菌。

⑤ 菌型的判定 根据血清学分型鉴定的结果，按照表 3-9 或有关沙门菌属抗原表判定菌型。

表 3-9 常见沙门菌抗原表

菌 名	拉丁菌名	O 抗原	H 抗原	
			第 1 相	第 2 相
A 群				
甲型副伤寒沙门菌	*S. paratyphi* A	1,2,12	a	[1,5]
B 群				
基桑加尼沙门菌	*S. kisangani*	1,4,[5],12	a	1,2
阿雷查瓦莱塔沙门菌	*S. arechavaleta*	4,[5],12	a	1,7
马流产沙门菌	*S. abortusequi*	4,12	—	e,n,x,
乙型副伤寒沙门菌	*S. paratyphi* B	1,4,[5],12	b	1,2
利密特沙门菌	*S. limete*	1,4,12,[27]	b	1,5
阿邦尼沙门菌	*S. abony*	1,4,[5],12,27	b	e,n,x
维也纳沙门菌	*S. wien*	1,4,12,[27]	b	l,w
伯里沙门菌	*S. bury*	4,12,[27]	c	z6
斯坦利沙门菌	*S. stanley*	1,4,[5],12,[27]	d	1,2
圣保罗沙门菌	*S. saintpaul*	1,4,[5],12	e,h	1,2
里定沙门菌	*S. reading*	1,4,[5],12	e,h	1,5
彻斯特沙门菌	*S. chester*	1,4,[5],12	e,h	e,n,x
德尔卑沙门菌	*S. derby*	1,4,[5],12	f,g	[1,2]
阿贡纳沙门菌	*S. agona*	1,4,[5],12	f,g,s	[1,2]

续表

菌　名	拉 丁 菌 名	O 抗原	H 抗 原	
			第 1 相	第 2 相
B 群				
埃森沙门菌	S. essen	4,12	g,m	—
加利福尼亚沙门菌	S. california	4,12	g,m,t	[z67]
金斯敦沙门菌	S. kingston	1,4,[5],12,[27]	g,s,t	[1,2]
布达佩斯沙门菌	S. budapest	1,4,12,[27]	g,t	—
鼠伤寒沙门菌	S. typhimurium	1,4,[5],12	i	1,2
拉古什沙门菌	S. Lagos	1,4,[5],12	i	1,5
布雷登尼沙门菌	S. bredeney	1,4,12,[27]	l,v	1,7
基尔瓦沙门菌 II	S. kilwa II	4,12	l,w	e,n,x
海德尔堡沙门菌	S. heidelberg	1,4,[15],12	r	1,2
印地安纳沙门菌	S. indiana	1,4,12	z	1,7
斯坦利维尔沙门菌	S. stanleyville	1,4,[5],12,[27]	z4,z23	[1,2]
伊图里沙门菌	S. ituri	1,4,12	z10	1,5
C1 群				
奥斯陆沙门菌	S. oslo	6,7,14	a	e,n,x
爱丁堡沙门菌	S. edinburg	6,7,14	b	1,5
布隆方丹沙门菌 II	S. bloemfontein II	6,7	b	[e,n,x]:z42
丙型副伤寒沙门菌	S. paratyphi C	6,7,[Vi]	c	1,5
猪霍乱沙门菌	S. choleraesuis	6,7	c	1,5
猪伤寒沙门菌	S. typhisuis	6,7	c	1,5
罗米他沙门菌	S. lomita	6,7	e,h	1,5
布伦登卢普沙门菌	S. braenderup	6,7,14	e,h	e,n,z15
里森沙门菌	S. rissen	6,7,14	f,g	—
蒙得维的亚沙门菌	S. montevideo	6,7,14	g,m,[p],s	[1,2,7]
里吉尔沙门菌	S. riggil	6,7	g,[t]	—
奥雷宁堡沙门菌	S. oranieburg	6,7,14	m,t	[2,5,7]
奥里塔蔓林沙门菌	S. oritamerin	6,7	i	1,5
汤卜逊沙门菌	S. thompson	6,7,14	k	1,5

菌　名	拉丁菌名	O 抗原	H 抗原	
			第 1 相	第 2 相
C1 群				
康科德沙门菌	S. concord	6,7	l,v	1,2
伊鲁木沙门菌	S. irumu	6,7	l,v	1,5
姆卡巴沙门菌	S. mkamba	6,7	l,v	1,6
波恩沙门菌	S. bonn	6,7	l,v	e,n,x
波茨坦沙门菌	S. potsdam	6,7,14	l,v	e,n,z15
格但斯克沙门菌	S. gdansk	6,7,14	l,v	z6
维尔肖沙门菌	S. virchow	6,7,14	r	1,2
婴儿沙门菌	S. infantis	6,7,14	r	1,5
巴布亚沙门菌	S. papuana	6,7	r	e,n,z15
巴累利沙门菌	S. bareilly	6,7,14	y	1,5
哈特福德沙门菌	S. hartford	6,7	y	e,n,x
三河岛沙门菌	S. mikawasima	6,7,14	y	e,n,z15
姆班达卡沙门菌	S. mbandaka	6,7,14	z10	e,n,z15
田纳西沙门菌	S. tennessee	6,7,14	z29	[1,2,7]
布伦登卢普沙门菌	S. braenderup	6,7,14	e,h	e,n,z15
耶路撒冷沙门菌	S. jerusalem	6,7,14	z10	l,w
C2 群				
习志野沙门菌	S. narashino	6.8	a	e,n,x
名古屋沙门菌	S. nagoya	6,8	b	1,5
加瓦尼沙门菌	S. gatuni	6,8	b	e,n,x
慕尼黑沙门菌	S. muenchen	6,8	d	1,2
蔓哈顿沙门菌	S. manhattan	6,8	d	1,5
纽波特沙门菌	S. newport	6,8,20	e,h	1,2
科特布斯沙门菌	S. kottbus	6,8	e,h	1,5
茨昂威沙门菌	S. tshiongwe	6,8	e,h	e,n,z15
林登堡沙门菌	S. lindenburg	6,8	i	1,2
塔科拉迪沙门菌	S. takoradi	6,8	i	1,5

续表

菌 名	拉丁菌名	O 抗原	H 抗原	
			第 1 相	第 2 相
C2 群				
波那雷恩沙门菌	S. bonariensis	6,8	i	e,n,x
利齐菲尔德沙门菌	S. litchfield	6,8	l,v	1,2
病牛沙门菌	S. bovismorbificans	6,8,20	r,[i]	1,5
查理沙门菌	S. chailey	6,8	z4,z23	e,n,z15
C3 群				
巴尔多沙门菌	S. bardo	8	e,h	1,2
依麦克沙门菌	S. emek	8,20	g,m,s	—
肯塔基沙门菌	S. kentucky	8,20	i	z6
D 群				
仙台沙门菌	S. sendai	1,9,12	a	1,5
伤寒沙门菌	S. typhi	9,12,[Vi]	d	—
塔西沙门菌	S. tarshyne	9,12	d	1,6
伊斯特本沙门菌	S. eastbourne	1,9,12	e,h	1,5
以色列沙门菌	S. israel	9,12	e,h	e,n,z15
肠炎沙门菌	S. enteritidis	1,9,12	g,m	[1,7]
布利丹沙门菌	S. blegdam	9,12	g,m,q	—
沙门菌 II	Salmonella II	1,9,12	g,m,[s],t	[1,5,7]
都柏林沙门菌	S. dublin	1,9,12,[Vi]	g,p	—
芙蓉沙门菌	S. seremban	9,12	i	1,5
巴拿马沙门菌	S. panama	1,9,12	l,v	1,5
戈丁根沙门菌	S. goettingen	9,12	l,v	e,n,z15
爪哇安纳沙门菌	S. javiana	1,9,12	L,z28	1,5
鸡-雏沙门菌	S. gallinarum-pullorum	1,9,12	—	—
E1 群				
奥凯福科沙门菌	S. okefoko	3,10	c	z6
瓦伊勒沙门菌	S. vejle	3,{10},{15}	e,h	1,2
明斯特沙门菌	S. muenster	3,{10}{15}{15,34}	e,h	1,5

续表

菌　名	拉丁菌名	O抗原	H 抗 原	
			第1相	第2相
E1 群				
鸭沙门菌	S. anatum	3,{10}{15}{15,34}	e,h	1,6
纽兰沙门菌	S. newlands	3,{10},{15,34}	e,h	e,n,x
火鸡沙门菌	S. meleagridis	3,{10}{15}{15,34}	e,h	l,w
雷根特沙门菌	S. regent	3,10	f,g,[s]	[1,6]
西翰普顿沙门菌	S. westhampton	3,{10}{15}{15,34}	g,s,t	—
阿姆德尔尼斯沙门菌	S. amounderness	3,10	i	1,5
新罗歇尔沙门菌	S. new-rochelle	3,10	k	l,w
恩昌加沙门菌	S. nchanga	3,{10}{15}	l,v	1,2
新斯托夫沙门菌	S. sinstorf	3,10	l,v	1,5
伦敦沙门菌	S. london	3,{10}{15}	l,v	1,6
吉韦沙门菌	S. give	3,{10}{15}{15,34}	l,v	1,7
鲁齐齐沙门菌	S. ruzizi	3,10	l,v	e,n,z15
乌干达沙门菌	S. uganda	3,{10}{15}	l,z13	1,5
乌盖利沙门菌	S. ughelli	3,10	r	1,5
韦太夫雷登沙门菌	S. weltevreden	3,{10}{15}	r	z6
克勒肯威尔沙门菌	S. clerkenwell	3,10	z	l,w
列克星敦沙门菌	S. lexington	3,{10}{15}{15,34}	z10	1,5
E4 群				
萨奥沙门菌	S. sao	1,3,19	e,h	e,n,z15
卡拉巴尔沙门菌	S. calabar	1,3,19	e,h	l,w
山夫登堡沙门菌	S. senftenberg	1,3,19	g,[s],t	—
斯特拉特福沙门菌	S. stratford	1,3,19	i	1,2
塔克松尼沙门菌	S. taksony	1,3,19	i	z6
索恩保沙门菌	S. schoeneberg	1,3,19	z	e,n,z15
F 群				
昌丹斯沙门菌	S. chandans	11	d	[e,n,x]
阿柏丁沙门菌	S. aberdeen	11	i	1,2
布里赫姆沙门菌	S. brijbhumi	11	i	1,5

续表

菌 名	拉丁菌名	O抗原	H 抗原	
			第1相	第2相
F群				
威尼斯沙门菌	*S. veneziana*	11	i	e,n,x
阿巴特图巴沙门菌	*S. abaetetuba*	11	k	1,5
鲁比斯劳沙门菌	*S. rubislaw*	11	r	e,n,x
其他群				
浦那沙门菌	*S. poona*	1,13,22	z	1,6
里特沙门菌	*S. ried*	1,13,22	z4,z23	[e,n,z15]
密西西比沙门菌	*S. mississippi*	1,13,23	b	1,5
古巴沙门菌	*S. cubana*	1,13,23	z29	—
苏拉特沙门菌	*S. surat*	[1],6,14,[25]	r,[i]	e,n,z15
松兹瓦尔沙门菌	*S. sundsvall*	[1],6,14,[25]	z	e,n,x
非丁伏斯沙门菌	*S. hvittingfoss*	16	b	e,n,x
威斯敦沙门菌	*S. westo*	16	e,h	z6
上海沙门菌	*S. shanghai*	16	l,v	1,6
自贡沙门菌	*S. zigong*	16	l,w	1,5
巴圭达沙门菌	*S. baguida*	21	z4,z23	—
迪尤波尔沙门菌	*S. dieuoppeul*	28	i	1,7
卢肯瓦尔德沙门菌	*S. luckenwalde*	28	z10	e,n,z15
拉马特根沙门菌	*S. ramatgan*	30	k	1,5
阿德莱沙门菌	*S. adelaide*	35	f,g	—
旺兹沃思沙门菌	*S. wandsworth*	39	b	1,2
雷俄格伦德沙门菌	*S. riogrande*	40	b	1,5
莱瑟沙门菌	*S. lethe* Ⅱ	41	g,t	—
达莱姆沙门菌	*S. dahlem*	48	k	e,n,z15
沙门菌Ⅲb	*Salmonella* Ⅲb	61	l,v	1,5,7

3. 结果与报告

综合以上生化试验和血清学鉴定的结果，报告25g（mL）样品中检出或未检出沙门菌。

五、作业与思考题

1. 沙门菌属在三糖铁培养基上的反应结果如何？
2. 沙门菌属检验主要包括哪几个主要步骤？

Ⅱ. 志贺菌检验

一、目的要求

熟悉志贺菌数检验的基本原理；掌握志贺菌属的系统检验方法。

二、基本原理

志贺菌属引起人类细菌性痢疾的病原菌，主要通过食品加工、集体食堂和饮食行业的从业人员中痢疾患者或带菌者污染食品，从而导致痢疾的发生，是一种较常见的、危害较大的致病菌。志贺菌属的主要鉴别特征为不运动，对各种糖的利用能力较差，并且在含糖的培养基内一般不形成可见气体。此外，志贺菌的进一步分群分型主要是通过血清学试验完成的。

三、器具材料

(1) 设备和材料　除微生物实验室常规灭菌及培养设备外，还需恒温培养箱、冰箱、膜过滤系统、厌氧培养装置、电子天平、显微镜、均质器、振荡器、无菌吸管、无菌均质杯或无菌均质袋、无菌培养皿、pH 计、全自动微生物生化鉴定系统。

(2) 培养基和试剂　志贺菌增菌肉汤-新生霉素，麦康凯（MAC）琼脂，木糖赖氨酸脱氧胆酸盐（XLD）琼脂，志贺菌显色培养基，三糖铁（TSI）琼脂，营养琼脂斜面，半固体琼脂，葡萄糖铵培养基，尿素琼脂，β-半乳糖苷酶培养基，氨基酸脱羧酶试验培养基，糖发酵管，西蒙氏柠檬酸盐培养基，黏液酸盐培养基，蛋白胨水，靛基质试剂，志贺菌属诊断血清，生化鉴定试剂盒。

四、操作步骤

1. 检验程序

志贺菌检验程序见图 3-6。

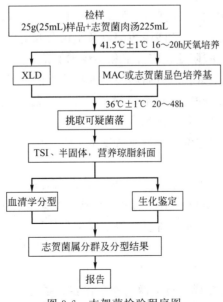

图 3-6　志贺菌检验程序图

2. 操作步骤

（1）增菌　以无菌操作取检样 25g（mL），加入装有 225mL 无菌的志贺菌增菌肉汤的无菌均质杯，用旋转刀片式均质器以 8000～10000r/min 均质；或加入装有 225mL 无菌的志贺菌增菌肉汤的无菌均质袋中，用拍击式均质器连续均质 1～2min，液体样品振荡混匀即可。于 41.5℃±1℃，厌氧培养 16～20h。

（2）分离　取增菌后的志贺增菌液分别划线接种于 XLD 琼脂平板和 MAC 琼脂平板或志贺菌显色培养基平板上，于 36℃±1℃ 培养 20～24h，观察各个平板上生长的菌落形态。宋内志贺菌的单个菌落直径大于其他志贺菌。若出现的菌落不典型或菌落较小不易观察，则继续培养至 48h 再进行观察。志贺菌在不同选择性琼脂平板上的菌落特征见表 3-10。

表 3-10　志贺菌在不同选择性琼脂平板上的菌落特征

选择性琼脂平板	志贺菌的菌落特征
MAC 琼脂	无色至浅粉红色,半透明、光滑、湿润、圆形、边缘整齐或不齐
XLD 琼脂	粉红色至无色,半透明、光滑、湿润、圆形、边缘整齐或不齐
志贺菌显色培养基	按照显色培养基的说明进行判定

（3）初步生化试验

① 自选择性琼脂平板上分别挑取 2CFU 以上典型或可疑菌落，分别接种 TSI、半固体和营养琼脂斜面各一管，置 36℃±1℃ 培养 20～24h，分别观察结果。

② 凡是三糖铁琼脂中斜面产碱、底层产酸（发酵葡萄糖，不发酵乳糖，蔗糖）、不产气（福氏志贺菌 6 型可产生少量气体）、不产硫化氢、半固体管中无动力的菌株，挑取其上一步中已培养的营养琼脂斜面上生长的菌苔，进行生化试验和血清学分型。

（4）生化试验及附加生化试验

① 生化试验　用（3）中培养的营养琼脂斜面上生长的菌苔，进行生化试验，即 β-半乳糖苷酶、尿素、赖氨酸脱羧酶、鸟氨酸脱羧酶以及水杨苷和七叶苷的分解试验。除宋内志贺菌、鲍氏志贺菌 13 型的鸟氨酸阳性；宋内菌和痢疾志贺菌 1 型，鲍氏志贺菌 13 型的 β-半乳糖苷酶为阳性以外，其余生化试验志贺菌属的培养物均为阴性结果。另外由于福氏志贺菌 6 型的生化特性和痢疾志贺菌或鲍氏志贺菌相似，必要时还需加做靛基质、甘露醇、棉籽糖、甘油试验，也可做革兰染色检查和氧化酶试验，应为氧化酶阴性的革兰阴性杆菌。生化反应不符合的菌株，即使能与某种志贺菌分型血清发生凝集，仍不得判定为志贺菌属。志贺菌属生化特性见表 3-11。

② 附加生化实验　由于某些不活泼的大肠埃希菌（anaerogenic E. ecoli）、A-D（Alka-lescens-D isparbiotypes 碱性-异型）菌的部分生化特征与志贺菌相似，并能与某种志贺菌分型血清发生凝集；因此前面生化实验符合志贺菌属生化特性的培养物还需另加葡萄糖胺、西蒙氏柠檬酸盐、黏液酸盐试验（36℃±1℃ 培养 24～48h）。志贺菌属和不活泼大肠埃希菌、A-D 菌的生化特性区别见表 3-12。

③ 如选择生化鉴定试剂盒或全自动微生物生化鉴定系统，可根据（3）中②的初步判断结果，用（3）中已培养的营养琼脂斜面上生长的菌苔，使用生化鉴定试剂盒或全自动微生物生化鉴定系统进行鉴定。

表 3-11　志贺菌属四个群的生化特征

生化反应	A 群:痢疾志贺菌	B 群:福氏志贺菌	C 群:鲍氏志贺菌	D 群:宋内志贺菌
β-半乳糖苷酶	—①	—	—①	+
尿素	—	—	—	—
赖氨酸脱羧酶	—	—	—	—
鸟氨酸脱羧酶	—	—	—②	+
水杨苷	—	—	—	—
七叶苷	—	—	—	—
靛基质	—/+	(+)	—/+	—
甘露醇	—	+③	+	+
棉籽糖	—	+	—	—
甘油	(+)	—	(+)	d

① 痢疾志贺 1 型和鲍氏 13 型为阳性。

② 鲍氏 13 型为鸟氨酸阳性。

③ 福氏 4 型和 6 型常见甘露醇阴性变种。

注：＋表示阳性；—表示阴性；—/＋表示多数阴性；（＋）表示迟缓阳性；d 表示有不同生化型。

表 3-12　志贺菌属和不活泼大肠埃希菌、A-D 菌的生化特性区别

生化反应	A 群:痢疾志贺菌	B 群:福氏志贺菌	C 群:鲍氏志贺菌	D 群:宋内志贺菌	大肠埃希菌	A-D 菌
葡萄糖铵	—	—	—	—	+	+
西蒙氏柠檬酸盐	—	—	—	d	d	d
黏液酸盐	—	—	—	d	+	d

注：1.＋表示阳性；—表示阴性；d 表示有不同生化型。

2. 在葡萄糖铵、西蒙氏柠檬酸盐、黏液酸盐试验三项反应中志贺菌一般为阴性，而不活泼的大肠埃希菌、A-D（碱型-异型）菌至少有一项反应为阳性。

（5）血清学鉴定

① 抗原的准备　志贺菌属没有动力，所以没有鞭毛抗原。志贺菌属主要有菌体 O 抗原。菌体 O 抗原又可分为型和群的特异性抗原。

一般采用 1.2%～1.5% 琼脂培养物作为玻片凝集试验用的抗原。

注：1. 一些志贺菌如果因为 K 抗原的存在而不出现凝集反应时，可挑取菌苔于 1mL 生理盐水做成浓菌液，100℃煮沸 15～60min 去除 K 抗原后再检查。

2. D 群志贺菌既可能是光滑型菌株也可能是粗糙型菌株，与其他志贺菌群抗原不存在交叉反应。与肠杆菌科不同，宋内志贺菌粗糙型菌株不一定会自凝。宋内志贺菌没有 K 抗原。

② 凝集反应　在玻片上划出 2 个约 1cm×2cm 的区域，挑取一环待测菌，各放 1/2 环于玻片上的每一区域上部，在其中一个区域下部加 1 滴抗血清，在另一区域下部加入 1 滴生理盐水，作为对照。再用无菌的接种环或针分别将两个区域内的菌落研成乳状液。将玻片倾斜摇动混合 1min，并对着黑色背景进行观察，如果抗血清中出现凝结成块的颗粒，而且生

理盐水中没有发生自凝现象，那么凝集反应为阳性。如果生理盐水中出现凝集，视作为自凝。这时，应挑取同一培养基上的其他菌落继续进行试验。

如果待测菌的生化特征符合志贺菌属生化特征，而其血清学试验为阴性的话，则按"① 抗原的准备"中"注：1."进行试验。

③ 血清学分型　先用四种志贺菌多价血清检查，如果呈现凝集，则再用相应各群多价血清分别试验。先用 B 群福氏志贺菌多价血清进行试验，如呈现凝集，再用其群和型因子血清分别检查。如果 B 群多价血清不凝集，则用 D 群宋内志贺菌血清进行实验，如呈现凝集，则用其Ⅰ相和Ⅱ相血清检查；如果 B、D 群多价血清都不凝集，则用 A 群痢疾志贺菌多价血清及 1~12 各型因子血清检查，如果上述三种多价血清都不凝集，可用 C 群鲍氏志贺菌多价检查，并进一步用 1~18 各型因子血清检查。福氏志贺菌各型和亚型的型抗原和群抗原鉴别见表 3-13。

表 3-13　福氏志贺菌各型和亚型的型抗原和群抗原的鉴别表

型和亚型	型抗原	群抗原	在群因子血清中的凝集		
			3,4	6	7,8
1a	Ⅰ	4	+	−	−
1b	Ⅰ	(4),6	(+)	+	−
2a	Ⅱ	3,4	+	−	−
2b	Ⅱ	7,8	−	−	+
3a	Ⅲ	(3,4),6,7,8	(+)	+	+
3b	Ⅲ	(3,4),6	(+)	+	−
4a	Ⅳ	3,4	+	−	−
4b	Ⅳ	6	−	+	−
4c	Ⅵ	7,8	−	−	+
5a	Ⅴ	(3,4)	(+)	−	−
5b	Ⅴ	7,8	−	−	+
6	Ⅵ	4	+	−	−
X	−	7,8	−	−	+
Y	−	3,4	+	−	−

注：＋表示凝集；－表示不凝集；（　）表示有或无。

（6）结果报告　综合以上生化试验和血清学鉴定的结果，报告 25g（mL）样品中检出或未检出志贺菌。

五、作业与思考题

1. 志贺菌属有哪些重要的生化特性？

2. 在志贺菌属的检验中，哪些步骤是不可缺少的？

Ⅲ. 金黄色葡萄球菌检验

一、目的要求

了解金黄色葡萄球菌的检验原理；掌握金黄色葡萄球菌的鉴定要点和检验方法。

二、基本原理

食品中生长有金黄色葡萄球菌，是食品卫生的一种潜在危险，因为金黄色葡萄球菌可以产生肠毒素，食后能引起食物中毒。因此，检查食品中金黄色葡萄球菌有着重要的意义。金黄色葡萄球菌在血平板上生长时，由于产生金黄色色素使菌落呈金黄色；因产生溶血素使菌落周围形成大而透明的溶血圈。在 Baird-Parker 平板上生长时，可将亚碲酸钾还原成碲酸钾使菌落呈灰黑色；产生酯酶使菌落周围有一浑浊带，而在其外层因产生蛋白质水解酶有一透明带。这些特性都可以对金黄色葡萄球菌进行检验。

三、器具材料

(1) 设备和材料　除微生物实验室常规灭菌及培养设备外，还需恒温培养箱、冰箱、恒温水浴箱、天平、均质器、振荡器、无菌吸管、无菌锥形瓶、无菌培养皿、注射器、pH 计。

(2) 培养基和试剂　10％氯化钠胰酪胨大豆肉汤，7.5％氯化钠肉汤，血琼脂平板，Baird-Parker 琼脂平板，脑心浸出液肉汤（BHI），兔血浆，磷酸盐缓冲液，营养琼脂小斜面，革兰染色液，无菌生理盐水。

四、操作步骤

1. 金黄色葡萄球菌定性检验

(1) 检验程序　金黄色葡萄球菌定性检验程序见图 3-7。

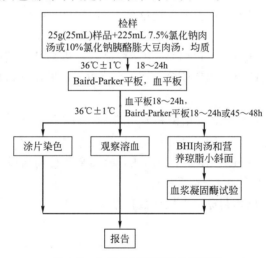

图 3-7　金黄色葡萄球菌检验程序

(2) 操作步骤

① 样品的处理　称取 25g 样品至盛有 225mL 无菌 7.5％氯化钠肉汤或 10％氯化钠胰酪胨大豆肉汤的无菌均质杯内，8000～10000r/min 均质 1～2min，或放入盛有 225mL 无菌 7.5％氯化钠肉汤或 10％氯化钠胰酪胨大豆肉汤的无菌均质袋中，用拍击式均质器拍打 1～2min。若样品为液态，吸取 25mL 样品至盛有 225mL 无菌 7.5％氯化钠肉汤或 10％氯化钠胰酪胨大豆肉汤的无菌锥形瓶（瓶内可预置适当数量的无菌玻璃珠）中，振荡混匀。

② 增菌和分离培养

a. 将上述样品匀液于 36℃±1℃培养 18～24h。金黄色葡萄球菌在 7.5％氯化钠肉汤中呈浑浊生长，污染严重时在 10％氯化钠胰酪胨大豆肉汤内呈浑浊生长。

b. 将上述培养物，分别划线接种到 Baird-Parker 平板和血平板。血平板 36℃±1℃培养 18～24h；Baird-Parker 平板 36℃±1℃培养 18～24h 或 45～48h。

c. 金黄色葡萄球菌在 Baird-Parker 平板上，菌落直径为 2～3mm，颜色呈灰色到黑色，边缘为淡色，周围为一浑浊带，在其外层有一透明圈。用接种针接触菌落有似奶油至树胶样的硬度，偶然会遇到非脂肪溶解的类似菌落；但无浑浊带及透明圈。长期保存的冷冻或干燥食品中所分离的菌落比典型菌落所产生的黑色较淡些，外观可能粗糙并干燥。在血平板上，形成菌落较大，圆形、光滑凸起、湿润、金黄色（有时为白色），菌落周围可见完全透明溶血圈。挑取上述菌落进行革兰染色镜检及血浆凝固酶试验。

③ 鉴定

a. 染色镜检。金黄色葡萄球菌为革兰阳性球菌，排列呈葡萄球状，无芽孢，无荚膜，直径约为 0.5～1μm。

b. 血浆凝固酶试验。挑取 Baird-Parker 平板或血平板上可疑菌落 1 个或以上，分别接种到 5mLBHI 和营养琼脂小斜面，36℃±1℃培养 18～24h。

取新鲜配制兔血浆 0.5mL，放入小试管中，再加入 BHI 培养物 0.2～0.3mL，振荡摇匀，置 36℃±1℃恒温箱或水浴箱内，每半小时观察一次，观察 6h，如呈现凝固（即将试管倾斜或倒置时，呈现凝块）或凝固体积大于原体积的一半，被判定为阳性结果。同时以血浆凝固酶试验阳性和阴性葡萄球菌菌株的肉汤培养物作为对照。也可用商品化的试剂，按说明书操作，进行血浆凝固酶试验。

结果如可疑，挑取营养琼脂小斜面的菌落到 5mL BHI，36℃±1℃培养 18～48h，重复试验。

④ 葡萄球菌肠毒素的检验　可疑食物中毒样品或产生葡萄球菌肠毒素的金黄色葡萄球菌菌株的鉴定，应按葡萄球菌肠毒素检验方法 GB 4789.10 附录 B 检测。

（3）结果与报告

① 结果判定　符合（2）的"②增菌和分离培养"和"③鉴定"即可判定为金黄色葡萄球菌。

② 结果报告　在 25g（mL）样品中检出或未检出金黄色葡萄球菌。

2. 金黄色葡萄球菌 Baird-Parker 平板计数

（1）检验程序　金黄色葡萄球菌平板计数程序见图 3-8。

（2）操作步骤

① 样品的稀释

a. 固体和半固体样品。称取 25g 样品置盛有 225mL 无菌磷酸盐缓冲液或生理盐水的无菌均质杯内，8000～10000r/min 均质 1～2min，或置盛有 225mL 无菌稀释液的无菌均质袋中，用拍击式均质器拍打 1～2min，制成 1∶10 的样品匀液。

b. 液体样品。以无菌吸管吸取 25mL 样品置盛有 225mL 无菌磷酸盐缓冲液或生理盐水的无菌锥形瓶（瓶内预置适当数量的无菌玻璃珠）中，充分混匀，制成 1∶10 的样品匀液。

c. 用 1mL 无菌吸管或微量移液器吸取 1∶10 样品匀液 1mL，沿管壁缓慢注于盛有 9mL 稀释液的无菌试管中（注意吸管或吸头尖端不要触及稀释液面），振摇试管或换用 1 支 1mL 无菌吸管反复吹打使其混合均匀，制成 1∶100 的样品匀液。

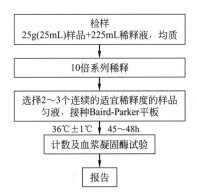

图 3-8　金黄色葡萄球菌 Baird-Parker 平板检验程序

d. 按 c. 操作程序，制备 10 倍系列稀释样品匀液。每递增稀释一次，换用 1 支 1mL 无菌吸管或吸头。

② 样品的接种　根据对样品污染状况的估计，选择 2～3 个适宜稀释度的样品匀液（液体样品可包括原液），在进行 10 倍递增稀释时，每个稀释度分别吸取 1mL 样品匀液以 0.3mL、0.3mL、0.4mL 接种量分别加入三块 Baird-Parker 平板，然后用无菌 L 棒涂布整个平板，注意不要触及平板边缘。使用前，如 Baird-Parker 平板表面有水珠，可放在 25～50℃的培养箱里干燥，直到平板表面的水珠消失。

③ 培养　在通常情况下，涂布后，将平板静置 10min，如样液不易吸收，可将平板放在培养箱 36℃±1℃培养 1h；等样品匀液吸收后翻转平皿，倒置于培养箱，36℃±1℃培养，45～48h。

④ 典型菌落计数和确认

a. 金黄色葡萄球菌在 Baird-Parker 平板上，菌落直径为 2～3mm，颜色呈灰色到黑色，边缘为淡色，周围为一浑浊带，在其外层有一透明圈。用接种针接触菌落有似奶油至树胶样的硬度，偶然会遇到非脂肪溶解的类似菌落；但无浑浊带及透明圈。长期保存的冷冻或干燥食品中所分离的菌落比典型菌落所产生的黑色较淡些，外观可能粗糙并干燥。

b. 选择有典型的金黄色葡萄球菌菌落的平板，且同一稀释度 3 个平板所有菌落数合计在 20～200 CFU 之间的平板，计数典型菌落数。如果：

ⅰ. 只有一个稀释度平板的菌落数在 20～200CFU 之间且有典型菌落，计数该稀释度平板上的典型菌落；

ⅱ. 低稀释度平板的菌落数小于 20CFU 且有典型菌落，计数该稀释度平板上的典型菌落；

ⅲ. 一稀释度平板的菌落数大于 200CFU 且有典型菌落，但下一稀释度平板上没有典型菌落，应计数该稀释度平板上的典型菌落；

ⅳ. 某一稀释度平板的菌落数大于 200CFU 且有典型菌落，且下一稀释度平板上有典型菌落，但其平板上的菌落数不在 20～200CFU 之间，应计数该稀释度平板上的典型菌落；

以上按公式（3-2）计算。

ⅴ. 2 个连续稀释度的平板菌落数均在 20～200CFU 之间，按公式（3-3）计算。

c. 从典型菌落中任选 5 个菌落（小于 5 个全选），分别按定性实验方法做血浆凝固酶试验。

（3）结果计算

$$T = \frac{AB}{Cd} \tag{3-2}$$

式中　T——样品中金黄色葡萄球菌菌落数；

A——某一稀释度典型菌落的总数；

B——某一稀释度血浆凝固酶阳性的菌落数；

C——某一稀释度用于血浆凝固酶试验的菌落数；

d——稀释因子。

$$T = \frac{A_1 B_1/C_1 + A_2 B_2/C_2}{1.1d} \tag{3-3}$$

式中　T——样品中金黄色葡萄球菌菌落数；

A_1——第一稀释度（低稀释倍数）典型菌落的总数；

A_2——第二稀释度（高稀释倍数）典型菌落的总数；

B_1——第一稀释度（低稀释倍数）血浆凝固酶阳性的菌落数；

B_2——第二稀释度（高稀释倍数）血浆凝固酶阳性的菌落数；

C_1——第一稀释度（低稀释倍数）用于血浆凝固酶试验的菌落数；

C_2——第二稀释度（高稀释倍数）用于血浆凝固酶试验的菌落数；

1.1——计算系数；

d——稀释因子（第一稀释度）。

（4）结果与报告　根据 Baird-Parker 平板上金黄色葡萄球菌的典型菌落数，按（3）中公式计算，报告每 1g（mL）样品中金黄色葡萄球菌数，以 CFU/g（mL）表示；如 T 值为0，则以小于 1 乘以最低稀释倍数报告。

3. 金黄色葡萄球菌 MPN 计数

（1）检验程序　金黄色葡萄球菌 MPN 计数程序见图 3-9。

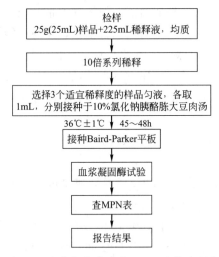

图 3-9　金黄色葡萄球菌 MPN 法检验程序

（2）操作步骤

① 样品的稀释　同前。

② 接种和培养

a. 根据对样品污染状况的估计，选择 3 个适宜稀释度的样品匀液（液体样品可包括原液），在进行 10 倍递增稀释时，每个稀释度分别吸取 1mL 样品匀液接种到 10%氯化钠胰酪胨大豆肉汤管，每个稀释度接种 3 管，将上述接种物于 36℃±1℃培养 45～48h。

b. 用接种环从有细菌生长的各管中，移取 1 环，分别接种 Baird-Parker 平板，36℃±1℃培养 45～48h。

③ 典型菌落确认

a. 见"金黄色葡萄球菌 Baird-Parker 平板计数"试验中"典型菌落计数和确认"。

b. 从典型菌落中至少挑取 1 个菌落接种到 BHI 肉汤和营养琼脂斜面，36℃±1℃培养 18～24h。进行血浆凝固酶试验。

（3）结果与报告　计算血浆凝固酶试验阳性菌落对应的管数，查 MPN 检索表（表 3-14），报告每 1g（mL）样品中金黄色葡萄球菌的最可能数，以 MPN/g（mL）表示。

表 3-14　金黄色葡萄球菌最可能数（MPN）检索表

阳性管			MPN	95%置信区间		阳性管			MPN	95%置信区间	
0.10	0.01	0.001		下限	上限	0.10	0.01	0.001		下限	上限
0	0	0	<3.0	—	9.5	2	2	0	21	4.5	42
0	0	1	3.0	0.15	9.6	2	2	1	28	8.7	94
0	1	0	3.0	0.15	11	2	2	2	35	8.7	94
0	1	1	6.1	1.2	18	2	3	0	29	8.7	94
0	2	0	6.2	1.2	18	2	3	1	36	8.7	94
0	3	0	9.4	3.6	38	3	0	0	23	4.6	94
1	0	0	3.6	0.17	18	3	0	1	38	8.7	110
1	0	1	7.2	1.3	18	3	0	2	64	17	180
1	0	2	11	3.6	38	3	1	0	43	9	180
1	1	0	7.4	1.3	20	3	1	1	75	17	200
1	1	1	11	3.6	38	3	1	2	120	37	420
1	2	0	11	3.6	42	3	1	3	160	40	420
1	2	1	15	4.5	42	3	2	0	93	18	420
1	3	0	16	4.5	42	3	2	1	150	37	420
2	0	0	9.2	1.4	38	3	2	2	210	40	430
2	0	1	14	3.6	42	3	2	3	290	90	1000
2	0	2	20	4.5	42	3	3	0	240	42	1000
2	1	0	15	3.7	42	3	3	1	460	90	2000
2	1	1	20	4.5	42	3	3	2	1100	180	4100
2	1	2	27	8.7	94	3	3	3	>1100	420	—

注：1. 本表采用 3 个稀释度 [0.1g（mL）、0.01g（mL）和 0.001g（mL）]，每个稀释度接种 3 管。

2. 表内所列检样量如改用 1g（mL）、0.1g（mL）和 0.01g（mL）时，表内数字应相应降低 10 倍；如改用 0.01g（mL）、0.001g（mL）、0.0001g（mL）时，则表内数字应相应增高 10 倍，其余类推。

五、作业与思考题

1. 金黄色葡萄球菌在 Baird-Parker 平板上的菌落特征是什么？
2. 鉴定致病性金黄色葡萄球菌的重要指标是什么？

Ⅳ. 蜡样芽孢杆菌检验

一、目的要求

了解蜡样芽孢杆菌检验的原理；掌握蜡样芽孢杆菌检验的方法。

二、基本原理

蜡样芽孢杆菌是需氧、产芽孢的 G^+ 杆菌，在自然界中广泛分布，在各种食品中的检出率也较高。包括的种类有乳制品、肉制品、蔬菜、米饭、汤汁等。往往是食物在食用前保存温度不当，放置时间过长，使污染在食品中的蜡样芽孢杆菌或残存的芽孢得以生长繁殖，或含有蜡样芽孢杆菌产生的热稳定毒素，而导致食物中毒的发生。利用蜡样芽孢杆菌具有以下生化特性阳性反应的原理来检测：不发酵甘露醇；产生卵磷脂酶；产生酪蛋白酶；产生溶血素；产生明胶酶；产生触酶；有动力和还原亚硝酸盐等。

三、器具材料

（1）设备和材料　除微生物实验室常规灭菌及培养设备外，还需恒温培养箱、冰箱、显微镜、恒温水浴锅、天平、电炉、灭菌吸管（0.1mL、1.0mL 和 10mL）、灭菌广口瓶或锥形瓶、灭菌培养皿、灭菌试管、均质器、试管架、接种棒、L 形涂布棒，以及灭菌刀、剪、镊子等。

（2）培养基和试剂　甘露醇卵黄多黏菌素琼脂培养基（MYP），肉浸液肉汤培养基，营养琼脂培养基，酪蛋白琼脂培养基，动力-硝酸盐培养基；缓冲葡萄糖蛋白胨水，血琼脂培养基，木糖-明胶培养基，甲醇，3% 过氧化氢溶液，革兰染色液，0.5% 碱性复红染色液，甲萘胺-醋酸溶液，对氨基苯磺-醋酸溶液等。

四、操作步骤

1. 检验程序

蜡样芽孢杆菌检验程序图见图 3-10。

2. 操作步骤

（1）菌数测定　以无菌操作将检样 25g（mL）用灭菌生理盐水或磷酸缓冲液做成

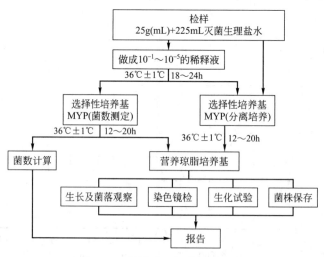

图 3-10　蜡样芽孢杆菌检验程序

$10^{-1} \sim 10^{-5}$的稀释液按 GB/T 4789.2 测定。取各稀释液 0.1mL，接种在两个 MYP 琼脂培养基上，用 L 形棒涂布于整个表面，置 36℃±1℃ 培养 12～20h 后，选取适当菌落数的平板进行计数。蜡样芽孢杆菌在此培养基上生成的菌落为粉红色（表示不发酵甘露醇），周围有粉红色的晕（表示产卵磷脂酶）。计数后，从中挑取 5 个此种菌落做证实试验。根据试验证实的蜡样芽孢杆菌的菌落数计算出该平板上的菌落数，然后乘以其稀释倍数即得每克或每毫升样品所含的蜡样芽孢杆菌数。例如，将检样的 10^{-4} 稀释液 0.1mL 涂布于 MYP 平板上，其可疑菌落为 25CFU，取 5CFU 鉴定，证实为 4CFU 菌落为蜡样芽孢杆菌，则 1g（mL）检样中所含蜡样芽孢杆菌数为：

$$25 \times 4/5 \times 10^4 \times 10 = 2 \times 10^6 \text{CFU}$$

（2）分离培养　将检样或其稀释液划线分离于 MYP 上，置 37℃ 培养 12～20h，挑取可疑蜡样芽孢杆菌的菌落接种于肉汤和营养琼脂培养基上做纯培养，然后做证实试验。

（3）证实试验

① 形态观察　本菌为 G$^+$ 大肠杆菌，宽度在 1μm 或 1μm 以上，芽孢呈卵圆形，不突出菌体，多位于菌体中央或稍偏于一端。

② 培养特性　本菌在肉汤中生长浑浊，常微有菌膜或壁环，振摇易乳化。在普通琼脂平板上其菌落不透明、表面粗糙、似毛玻璃状或融蜡状，边缘不整齐。

③ 生化性状及生化分型

a. 生化性状。本菌有动力；能产生卵磷脂酶和酪蛋白酶；过氧化氢酶试验阳性；溶血；不发酵甘露醇和木糖；常能液化明胶和还原硝酸盐；在厌氧条件下能发酵葡萄糖。

b. 生化分型。根据蜡样芽孢杆菌对柠檬酸盐利用、硝酸盐还原、淀粉水解、V-P 反应、明胶液化性状的试验，分成不同型别，见表 3-15。

表 3-15　蜡样芽孢杆菌生化分型

型别	生 化 试 验				
	柠檬酸盐利用	硝酸盐还原	淀粉水解	V-P 反应	明胶液化
1	＋	＋	＋	＋	＋
2	－	＋	＋	＋	＋
3	＋	＋	－	＋	＋
4	＋	－	－	＋	＋
5	－	－	－	＋	＋
6	＋	－	－	＋	＋
7	＋	－	－	＋	＋
8	－	＋	－	＋	＋
9	－	＋	－	＋	＋
10	－	＋	＋	－	＋
11	＋	＋	－	－	＋
12	＋	＋	－	－	＋
13	－	＋	－	－	－
14	＋	＋	－	－	＋
15	＋	－	＋	－	＋

注："＋"阳性反应，"－"阴性反应。

④ 与类似菌鉴别　本菌与其他类似菌的鉴别见表 3-16。

表 3-16　蜡样芽孢杆菌与其他类似菌的鉴别

项目	巨大芽孢杆菌	蜡样芽孢杆菌	苏云金芽孢杆菌	蕈状芽孢杆菌	炭疽芽孢杆菌
过氧化氢酶	+	+	+	+	+
动力	±	±	上	-	-
硝酸盐还原	-	+	+	+	+
酪蛋白分解	+	+	±	±	干
卵黄反应	-	+	+	+	-
葡萄糖利用(厌氧)	-	+	+	+	+
甘露醇	+	-	-	-	-
木糖	±	-	-	-	-
溶血	-	+	+	干	干
已知致病菌特性		产肠毒素	对昆虫致病的内毒素结晶	假根样生长	对动物和人致病

　　注：＋表示 90%～100% 的菌株阳性；－表示 90%～100% 的菌株阴性；±表示大多数菌株阳性；干表示大多数菌株阴性。

　　本菌在生化性状上与苏云金芽孢杆菌极为相似，但后者可借细胞内产生蛋白质毒素结晶加以鉴别。其检查方法如下：取营养琼脂上纯培养物少许制片，加甲醇于玻片上，0.5min 后倾去甲醇，置火焰上干燥，然后滴加 0.5% 碱性复红液，并用酒精灯加热至微见蒸汽后维持 1.5min（注意切勿使染液沸腾），移去酒精灯，将玻片放置 0.5min 后倾去染液，置洁净自来水下彻底清洗、晾干、油镜检查。如有游离芽孢和深染的似菱形的红色结晶小体即为苏云金芽孢杆菌（如游离芽孢未形成，培养物应放置室温再保持 1～2d 后检查），而蜡样芽孢杆菌用此法检查为阴性。

　　五、作业与思考题
　　1. 如何区分蜡样芽孢杆菌和苏云芽孢杆菌？
　　2. 蜡样芽孢杆菌引起食物中毒的机理是什么？经常发生在什么食物中？

V. 溶血性链球菌

　　一、目的要求
　　了解溶血性链球菌的检验原理；掌握溶血性链球菌的鉴定要点和检验方法。
　　二、基本原理
　　溶血性链球菌在自然界分布较广，可存在于水、空气、尘埃、牛奶、粪便及人的咽喉和病灶中，按其在血平板上溶血能力分类，可分为甲型溶血性链球菌、乙型溶血性链球菌、丙型溶血性链球菌和亚甲型溶血性链球菌。与人类疾病有关的大多属于乙型溶血性链球菌，其血清型 90% 属于 A 族链球菌，常可引起皮肤和皮下组织的化脓性炎症及呼吸道感染，还可通过食品引起猩红热、流行性咽炎的爆发性流行。因此，检查食品是否有溶血性链球菌具有很重要的现实意义。
　　三、器具材料
　　(1) 设备和材料　除微生物实验室常规灭菌及培养设备外，还需恒温培养箱、冰箱、恒温水浴箱、均质器、离心机、架盘药物天平、无菌试管、无菌吸管、无菌锥形瓶、无菌培养皿、无菌棉签、无菌镊子等。

（2）培养基和试剂　葡萄糖肉浸液肉汤（加 1‰ 葡萄糖），肉浸液肉汤，匹克氏肉汤，血琼脂平板，人血浆，0.25%氯化钙，0.85%灭菌生理盐水，杆菌肽药敏纸片（含 0.04U）。

四、操作步骤

1. 检验程序

检验程序见图 3-11。

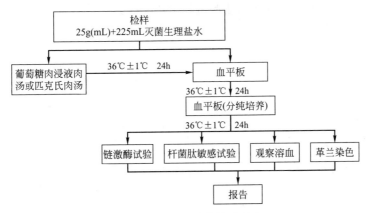

图 3-11　溶血链球菌检验程序

2. 操作步骤

（1）样品处理　按无菌操作称取食品检样 25g（mL），加入 225mL 灭菌生理盐水，研成匀浆制成混悬液。

（2）培养　将上述混悬液吸取 5mL，接种于 50mL 葡萄糖肉浸液肉汤，或直接划线接种于血平板。如检样污染严重，可同时按上述量接种匹克肉汤，经 36℃±1℃ 培养 24h，接种血平板，置 36℃±1℃ 培养 24h，挑取乙型溶血圆形突起的细小菌落，在血平板上分纯，然后观察溶血情况及革兰染色，并进行链激酶试验及杆菌肽敏感试验。

（3）形态与染色　本菌呈球形或卵圆形，直径 0.5～1μm，链状排列，链长短不一，短者 4～8 个细胞组成，长者 20～30 个，链的长短常与细菌的种类及生长环境有关；液体培养基中易呈长链；在固体培养基中常呈短链，不形成芽孢，无鞭毛，不能运动。

（4）培养特性　该菌营养要求较高，在普通培养基上生长不良，在加有血液、血清培养基中生长较好。溶血性链球菌在血清肉汤中生长时管底呈絮状或颗粒状沉淀。血平板上菌落为灰白色，半透明或不透明，表面光滑，有乳光，直径约 0.5～0.75mm，为圆形突起的细小菌落，乙型溶血链球菌周围有 2～4mm 界限分明、无色透明的溶血圈。

（5）链激酶试验　致病性乙型溶血链球菌能产生链激酶（即溶纤维蛋白酶），此酶能激活正常人体血液中的血浆蛋白酶原，使成血浆蛋白酶，而后溶解纤维蛋白。

吸取草酸钾血浆 0.2mL，加 0.8mL 灭菌生理盐水，混匀，再加入 18～24h、36℃±1℃ 培养的链球菌培养物 0.5mL 及 0.25%氯化钙 0.25mL（如氯化钙已潮解，可适当加大至 0.3%～0.35%），振荡摇匀，置于 36℃±1℃ 水浴中 10min，血浆混合物自行凝固（凝固程度至试管倒置，内容物不流动），然后观察凝固块重新完全溶解的时间，完全溶解为阳性，如 24h 后不溶解即为阴性。

草酸钾人血浆配制：草酸钾 0.01g 放入灭菌小试管中，再加入 5mL 人血，混匀，经离心沉淀，吸取上清液即为草酸钾人血浆。

（6）杆菌肽敏感试验 挑取乙型溶血性链球菌液，涂布于血平板上，用灭菌镊子夹取每片含有 0.04U 的杆菌肽纸片，放于上述平板上，于 36℃±1℃培养 18～24h，如有抑菌带出现即为阳性，同时用已知阳性菌株作为对照。

五、作业与思考题

1. 溶血性链球菌在血平板上生长时的菌落特征是什么？

2. 溶血性链球菌的致病力强弱与哪些生物学特征有关？

实验二十八　食品用水卫生微生物学检验

一、目的要求

学习水样的采取方法和水样细菌学检测的方法。

二、基本原理

水中微生物种类很多，大部分为非致病性的，部分为致病性的微生物，因此，水在传播传染病上起着很大的作用，为了保证饮水的卫生，必须对食品加工用水和饮用水定期进行细菌学检验。食品用水的前提是必须满足生活用水的标准才能使用。生活饮用水卫生标准GB/T 5749—2006中规定的微生物学检验指标为菌落总数（小于100CFU/mL）、总大肠菌群（MPN/100mL 或 CFU/100mL）、耐热大肠菌群和大肠埃希菌都不得检出，当水样检出总大肠菌群时，应进一步检验耐热大肠菌群和大肠埃希菌，水样未检出总大肠菌群，不必检验耐热大肠菌群和大肠埃希菌。生活饮用水标准检验方法采用GB/T 5750.1—2006执行。

细菌总数主要作为判定水质被污染程度的标志。由于水传播的主要疾病为肠道传染病，而大肠菌群主要来源于人畜粪便，故以肠道中的细菌作为水被粪便污染的指标，来评价水的卫生质量较为合理。

一般认为在天然水体中，细菌总数 $10\sim100$CFU/mL 为极清洁的水；$10^2\sim10^3$CFU/mL 为清洁的水；$10^3\sim10^4$CFU/mL 为不太清洁的水；$10^4\sim10^5$CFU/mL 为极不清洁的水。

三、器具材料

（1）设备和材料　无菌采样瓶，酒精灯，其余设备见第三部分实验二十四和实验二十五。

（2）培养基和试剂　营养琼脂培养基，乳糖胆盐发酵管，伊红美蓝琼脂，乳糖发酵管，革兰染色液，75％乙醇，生理盐水或其他稀释液，1.5％硫代硫酸钠溶液。

四、操作步骤

（一）样品采取和送检

（1）自来水采取　采样瓶必须预先灭菌，在采自来水时，先用酒精灯灼烧水龙头嘴后将水龙头完全打开 $1\sim3$min，再以无菌操作采取水样。

（2）其他水源的水样　应选择有代表性的地点及水质可疑的地方，一般应距水面 $10\sim15$cm 深处取样。

（3）有余氯的水样　应按每500mL的水样加入1.5％硫代硫酸钠溶液2mL于水样瓶的空瓶中，然后121℃ 20min高压灭菌，以中和水样中的余氯，终止氯的杀菌作用。

（4）采样时所采的水量为瓶容量的80％左右，以便在检验时可充分摇匀水样。

（5）采得水样后应立即记录水样名称，采样地点、时间等项目，并从速检验，一般从采样到检验不应超过 2h，如放在冰箱中保存也不超过 4h。

（二）细菌总数的测定

1. 生活饮用水的检验

以无菌操作法用灭菌吸管吸取 1mL 充分摇匀的水样，注入灭菌平皿中，共做两个平皿，倾注约 15mL 已熔化并冷至 45℃ 左右的营养琼脂培养基，并立即旋摇平皿，使水样与培养基充分混匀，同时做空白对照。待冷却凝固后，翻转平皿，置 36℃±1℃ 培养48h，进行菌落计数。即为 1mL 水样中的菌落总数。

2. 水源水的检验

水源的水被微生物污染的程度较高，应视被检水的污染情况，依次作 10 倍递增稀释液，吸取不同浓度的稀释液时，应更换吸管，用 1mL 灭菌吸管吸取 2～3 个适当浓度的稀释液 1mL，分别注入无菌平皿中，以下步骤同生活用水的检验方法。

3. 菌落计数及报告方式

作平皿菌落计数时，可用眼睛直接观察，必要时用放大镜检查，以防遗漏。在记下各平皿的菌落数后，应求出同稀释度的平均菌落数，供下一步计算应用。在求同稀释度的平均数时，若其中一个平皿有较大片状菌落生长时，则不宜采用，而应以无片状菌落生长的平皿作为稀释度的平均菌落数。若片状菌落不到平皿一半，而其余一半中菌落数分布又很均匀，则可将此半皿计数后乘 2 以代表全皿菌落数。然后再求该稀释度的平均菌落数。

（1）不同稀释度的选择及报告方法（见表 3-17）

① 首先选择平均菌落数在 30～300CFU 之间者进行计算，若只有一个稀释度的平均数符合此范围时，则将该菌落数乘以稀释倍数报告之（见表 3-17 中例 1）。

② 若有两个稀释度，其生长的菌落数均在 30～300CFU 之间，则视二者之比值来决定。若其比值小于 2，应报告其平均数；若大于或等于 2 则报告其中较小的数字（见表 3-17 中例 2、3 及 4）。

③ 若所有稀释度的平均菌落数均大于 300CFU，则应按稀释度最高的平均菌落数乘以稀释倍数报告之（见表 3-17 中例 5）。

④ 若所有稀释度的平均菌落数均小于 30CFU。则应按稀释度最低的平均菌落数乘以稀释倍数报告之（见表 3-17 中例 6）。

⑤ 若所有稀释度的平均菌落数均不在 30～300CFU 之间，其中一部分大于 300CFU 或小于 30CFU 时，则以最接近 30 或 300CFU 的平均菌落数乘以稀释倍数报告之（见表 3-17 中例 7）。

⑥ 若所有稀释度均无菌生长，则以未检出报告之。

⑦ 如果所有平板上都是菌落密布，不要用"多不可计"报告，而应在稀释度最大的平板上，任意数其中 2 个平板 $1cm^2$ 中的菌落数，除 2 求出每平方厘米内平均菌落数，乘以皿底面积 $63.6cm^2$，再乘其稀释倍数作报告。

（2）菌落计数的报告　菌落数在 100CFU 以内时，按其实有数报告；大于 100CFU 时，采用二位有效数字，在二位有效数字后面的数值，以四舍五入方法计算。为了缩短数字后面的零数，也可用 10 的指数来表示（见表 3-17 "报告方式"栏）。

表 3-17　稀释度选择及菌落数报告方式

例次	稀释液和菌落数			两稀释液之比	菌落总数 /(CFU/g 或 mL)	报告方式 /(CFU/g 或 mL)
	10^{-1}	10^{-2}	10^{-3}			
1	1365	164	20	—	16400	16000 或 1.6×10^4
2	2760	295	46	1.6	37750	38000 或 3.8×10^4
3	2890	271	60	2.2	27100	27000 或 2.7×10^4
4	150	30	8	2	1500	1500 或 1.5×10^3
5	多不可计	1650	513	—	513000	510000 或 5.1×10^5
6	27	11	5	—	270	270 或 2.7×10^2
7	多不可计	305	12	—	30500	31000 或 3.1×10^4

（三）总大肠菌群的检测

1. 乳糖发酵试验

（1）取 10mL 水样接种到 10mL 双料乳糖蛋白胨培养液中，取 1mL 水样接种到 10mL 单料乳糖蛋白胨培养液中，另取 1mL 水样注入 9mL 灭菌生理盐水中，混合后吸取 1mL （即 0.1mL 水样）注入 10mL 单料乳糖蛋白胨培养液中，每一稀释度接种 5 管。

（2）对已处理过的出厂自来水，需经常检验或每天检验一次的，可直接接种 5 份 10mL 水样于 10mL 的双料培养基中。

（3）检验水源水时，如污染严重，应加大稀释度，可接种 1、0.1、0.01mL，甚至 0.1、0.01、0.001mL，每个稀释度接种 5 管，每个水样共接种 15 管。接种 1mL 以下的水样时，必须做 10 倍递增稀释后，取 1mL 接种。

（4）发酵试验　将接种管置 36℃±1℃ 恒温箱培养 24h±2h，如所有乳糖蛋白胨培养管都不产气产酸，则可报告为总大肠菌群阴性，如有产酸产气者，则按下列步骤进行。

2. 分离培养

将产酸产气的发酵管分别转种在伊红美蓝琼脂平板上，置 36℃±1℃ 培养箱内培养 18～24h，观察菌落形态，挑选符合下列特征的菌落作革兰染色、镜检和证实试验。

在伊红美蓝琼脂上的菌落特征：深紫黑色，具有金属光泽的菌落；紫黑色，不带或略带金属光泽的菌落；淡紫红色，中心较深的菌落。

3. 证实试验

经上述染色镜检为革兰阴性无芽孢杆菌，同时接种乳糖蛋白胨培养液，置 36℃±1℃ 培养 24h±2h，有产酸产气者，即证实有总大肠菌群存在。

4. 结果报告

根据证实为总大肠杆菌阳性管数，查 MNP 检索表，报告每 100mL 水样中的总大肠菌群最可能数（MNP）值。5 管法结果见表 3-18，15 管法结果见表 3-19。稀释样品查表后所得结果应乘稀释倍数。如所有乳糖发酵管均为阴性时，可报告总大肠菌群未检出。

表 3-18　用 5 份 10mL 水样时各种阳性和阴性结果组合时的最可能数（MPN）

5 个 10mL 管中阳性管数	最可能数(MPN)
0	<2.2
1	2.2
2	5.1
3	9.2
4	16.0
5	>16

表 3-19　总大肠菌群 MPN 检索表

（总接种量 55.5mL，其中 5 份 10mL 水样，5 份 1mL 水样，5 份 0.1mL 水样）

接种量/mL			总大肠菌群 /(MPN/100mL)	接种量/mL			总大肠菌群 /(MPN/100mL)
10	1	0.1		10	1	0.1	
0	0	0	<2	1	0	0	2
0	0	1	2	1	0	1	4
0	0	2	4	1	0	2	6
0	0	3	5	1	0	3	8
0	0	4	7	1	0	4	10
0	0	5	9	1	0	5	12

接种量/mL			总大肠菌群	接种量/mL			总大肠菌群
10	1	0.1	/(MPN/100mL)	10	1	0.1	/(MPN/100mL)
0	1	0	2	1	1	0	4
0	1	1	4	1	1	1	6
0	1	2	6	1	1	2	8
0	1	3	7	1	1	3	10
0	1	4	9	1	1	4	12
0	1	5	11	1	1	5	14
0	2	0	4	1	2	0	6
0	2	1	6	1	2	1	8
0	2	2	7	1	2	2	10
0	2	3	9	1	2	3	12
0	2	4	11	1	2	4	15
0	2	5	13	1	2	5	17
0	3	0	6	1	3	0	8
0	3	1	7	1	3	1	10
0	3	2	9	1	3	2	12
0	3	3	11	1	3	3	15
0	3	4	13	1	3	4	17
0	3	5	15	1	3	5	19
0	4	0	8	1	4	0	11
0	4	1	9	1	4	1	13
0	4	2	11	1	4	2	15
0	4	3	13	1	4	3	17
0	4	4	15	1	4	4	19
0	4	5	17	1	4	5	22
0	5	0	9	1	5	0	13
0	5	1	11	1	5	1	15
0	5	2	13	1	5	2	17
0	5	3	15	1	5	3	19
0	5	4	17	1	5	4	22
0	5	5	19	1	5	5	24
2	0	0	5	3	0	0	8
2	0	1	7	3	0	1	11
2	0	2	9	3	0	2	13
2	0	3	12	3	0	3	16
2	0	4	14	3	0	4	20
2	0	5	16	3	0	5	23
2	1	0	7	3	1	0	11
2	1	1	9	3	1	1	14
2	1	2	12	3	1	2	17
2	1	3	14	3	1	3	20
2	1	4	17	3	1	4	23
2	1	5	19	3	1	5	27
2	2	0	9	3	2	0	14
2	2	1	12	3	2	1	17
2	2	2	14	3	2	2	20
2	2	3	17	3	2	3	24
2	2	4	19	3	2	4	27
2	2	5	22	3	2	5	31

续表

接种量/mL			总大肠菌群	接种量/mL			总大肠菌群
10	1	0.1	/(MPN/100mL)	10	1	0.1	/(MPN/100mL)
2	3	0	12	3	3	0	17
2	3	1	14	3	3	1	21
2	3	2	17	3	3	2	24
2	3	3	20	3	3	3	28
2	3	4	22	3	3	4	32
2	3	5	25	3	3	5	36
2	4	0	15	3	4	0	21
2	4	1	17	3	4	1	24
2	4	2	20	3	4	2	28
2	4	3	23	3	4	3	32
2	4	4	25	3	4	4	36
2	4	5	28	3	4	5	40
2	5	0	17	3	5	0	25
2	5	1	20	3	5	1	29
2	5	2	23	3	5	2	32
2	5	3	26	3	5	3	37
2	5	4	29	3	5	4	41
2	5	5	32	3	5	5	45
4	0	0	13	5	0	0	23
4	0	1	17	5	0	1	31
4	0	2	21	5	0	2	43
4	0	3	25	5	0	3	58
4	0	4	30	5	0	4	76
4	0	5	36	5	0	5	95
4	1	0	17	5	1	0	33
4	1	1	21	5	1	1	46
4	1	2	26	5	1	2	63
4	1	3	31	5	1	3	84
4	1	4	36	5	1	4	110
4	1	5	42	5	1	5	130
4	2	0	22	5	2	0	49
4	2	1	26	5	2	1	70
4	2	2	32	5	2	2	94
4	2	3	38	5	2	3	120
4	2	4	44	5	2	4	150
4	2	5	50	5	2	5	180
4	3	0	27	5	3	0	79
4	3	1	33	5	3	1	110
4	3	2	39	5	3	2	140
4	3	3	45	5	3	3	180
4	3	4	52	5	3	4	210
4	3	5	59	5	3	5	250
4	4	0	34	5	4	0	130
4	4	1	40	5	4	1	170
4	4	2	47	5	4	2	220
4	4	3	54	5	4	3	280
4	4	4	62	5	4	4	350
4	4	5	69	5	4	5	430

续表

接种量/mL			总大肠菌群	接种量/mL			总大肠菌群
10	1	0.1	/(MPN/100mL)	10	1	0.1	/(MPN/100mL)
4	5	0	41	5	5	0	240
4	5	1	48	5	5	1	350
4	5	2	56	5	5	2	540
4	5	3	64	5	5	3	920
4	5	4	72	5	5	4	1600
4	5	5	81	5	5	5	>1600

（四）耐热大肠菌群的测定

采用多管发酵法测定食品用水的耐热大肠菌群。耐热大肠菌群是在 44.5℃ 仍生长的大肠菌群。其检验步骤为：

自总大肠菌群乳糖发酵试验中的阳性管（产酸产气）中取 1 滴转接于 EC 培养基中，置 44.5℃ 水浴箱或隔水式恒温培养箱，培养 24h±2h，如所有管均不产气，则可报告为阴性；如有产气者，则转接于伊红美蓝琼脂平板上，置 44.5℃ 培养 18～24h，凡平板上有典型菌落者，则证实为耐热大肠菌群阳性。如检测未经氯化消毒的水，且只想检测耐热大肠菌群时，或调查水源水的耐热大肠菌群污染时，可用直接多管耐热大肠菌群方法，即在第一步乳糖发酵试验时按总大肠菌群第一步接种乳糖蛋白胨培养液在 44.5℃ 水浴中培养，以下步骤同上。根据证实为耐热大肠菌群的阳性管数，查最可能数（MPN）检索表，报告每 100mL 水样中耐热大肠菌群的最可能数（MPN）值。

（五）大肠埃希菌检验

将总大肠菌群多管发酵法初发酵产酸或产气的管进行大肠埃希菌检测。用烧灼灭菌的金属接种环或无菌棉签将上述试管中液体接种到 EC-MUC 管中。

将已接种的 EC-MUC 管在培养箱或恒温水浴中 44.5℃±0.5℃ 培养 24h±2h。如使用恒温水浴，在接种后 30min 内进行培养，使水浴的液面超过 EC-MUC 管的液面。

将培养后的 EC-MUC 管在暗处用波长为 366nm、功率为 6W 的紫外灯照射，如果有蓝色荧光产生则表示水样中含有大肠埃希菌。计算 EC-MUC 管阳性管数，查最可能数（MPN）检索表得出大肠埃希菌的最可能数，结果以 MPN/100mL 报告。

五、作业与思考

1. 什么叫菌落总数？

2. 为什么大肠菌群数能反映食品用水的污染情况？

实验二十九　罐头食品商业无菌的检验

一、目的要求

掌握罐头食品商业无菌的检验原理和方法。

二、基本原理

罐头食品通常是将食品经过适当处理，装入罐头内，排除空气，封盖，经加热灭菌而制成。由于食品中原有的微生物已被杀死，外界的微生物又无法透过罐头壁来腐坏食品，同时罐头内空气已被排除，食品中的各种成分也不致被氧化和发生其他变化，故这种食品可以保存较长的时间而不变质。

罐头食品在灭菌过程中加热不够时，罐头内也会有残余的细菌存在。并且罐头由于封闭不严，或虽封闭严密而在保管中由于生锈或者严重变形致使罐头的密闭性遭到破坏时，细菌可从外界侵入罐头内。微生物在罐头内发育时，除有机质被分解、内容物的感官性状发生改变外，并可由生成微生物的代谢产物腐坏食品，出现胖听或未胖听罐现象。对罐头食品商业无菌的检验通常是将密封好的罐头放入一定的温度培养箱，培养一定的时间，观察是否出现胖听的情况，同时开启胖听罐或未胖听罐，观察和比较感官与质地的变化，测定 pH 值，接种培养，并对培养物进行涂片、染色和观察。

三、器具材料

(1) 设备和材料　温箱：30℃±1℃、36℃±1℃、55℃±1℃；冰箱：0～4℃；恒温水浴锅：46℃±1℃；显微镜：10×～100×；架盘药物天平：0～500g，精度 0.5g；电位 pH 计；灭菌吸管：1mL（具 0.01mL 刻度）、10mL（具 0.1mL 刻度）；灭菌平皿：直径 90mm；灭菌试管：16mm×160mm；开罐刀和罐头打孔器，白色搪瓷盘，灭菌镊子。

(2) 培养基和试剂　革兰染色液，庖肉培养基，溴甲酚紫葡萄糖肉汤，酸性肉汤，麦芽浸膏汤，锰盐营养琼脂，血琼脂，卵黄琼脂。

四、操作步骤

(一) 审查生产操作记录

工厂检验部门对送检产品的下述操作记录应认真进行审阅。妥善保存至少三年备查。

(1) 杀菌记录　杀菌记录包括自动记录仪的记录纸和相应的手记记录。记录纸上要标明产品品名、规格、生产日期和杀菌锅号。每一项图表记录都必须由杀菌锅操作者亲自记录和签字，由车间专人审核签字，最后由工厂检验部门审定后签字。

(2) 杀菌后的冷却水有效氯含量测定的记录。

(3) 罐头密封性检验记录　罐头密封性检验的全部记录应包括空罐和实罐卷边封口质量和焊缝质量的常规检查记录，记录上应明确标记批号和罐数等，并由检验人员和主管人员签字。

(二) 抽样方法

可采用下述方法之一。

1. 按杀菌锅抽样

低酸性食品罐头在杀菌冷却完毕后每杀菌锅抽样 2 罐，3kg 以上的大罐每锅抽 1 罐，酸性食品罐头每锅抽 1 罐，一般一个班的产品组成一个检验批，将各锅的样罐组成一个样批送检，每批每个品种取样基数不得少于 3 罐。产品如按锅划分堆放，在遇到由于杀菌操作不当引起问题时，也可以按锅处理。

2. 按生产班（批）次抽样

（1）取样数为 1/6000，尾数超过 2000 者增取 1 罐，每班（批）每个品种不得少于 3 罐。

（2）某些产品班产量较大，则以 30000 罐为基数，其取样数按 1/6000 计；超过 30000 罐以上的按 1/20000 计，尾数超过 4000 罐者增取 1 罐。

（3）个别产品产量过小，同品种、同规格可合并班次为一批取样，但并班总数不超过 5000 罐，每个批次取样数不得少于 3 罐。

（三）称量

用电子秤或台式天平称重，1kg 及以下的罐头精确到 1g，1kg 以上的罐头精确到 2g。各罐头的重量减去空罐的平均重量即为该罐头的净重。称重前对样品进行记录编号。

（四）保温

（1）将全部样罐按表 3-20 所述分类在规定温度下按规定时间进行保温。

表 3-20　样品保温时间和温度

罐头种类	温度/℃	时间/d
低酸性罐头食品	36±1	10
酸性罐头食品	30±1	10
预订要输往热带地区(40℃以上)的低酸性食品	55±1	5～7

（2）保温过程中应每天检查，如有胖听或泄漏等现象，立即剔出作开罐检查。

（五）开罐

取保温过的全部罐头，冷却到常温后，按无菌操作开罐检验。

将样罐用温水和洗涤剂洗刷干净，用自来水冲洗后擦干。放入无菌室，以紫外光杀菌灯照射 30min。

将样罐移置于超净工作台上，用 75％酒精棉球擦拭无代号端，并点燃灭菌（胖听罐不能烧）。用灭菌的卫生开罐刀或罐头打孔器开启（带汤汁的罐头开罐前适当振摇），开罐时不能伤及卷边结构。

（六）留样

开罐后，用灭菌吸管或其他适当工具以无菌操作取出内容物 10～20mL（g）移入灭菌容器内，保存于冰箱中。待该批罐头检验得出结论后可随之弃去。

（七）pH 测定

取样测定 pH 值，与同批中正常罐相比，看是否有显著的差异。

（八）感官检查

在光线充足、空气清洁、无异味的检验室中将罐头内容物倾入白色搪瓷盘内，由有经验的检验人员对产品的外观、色泽、状态和气味等进行观察和嗅闻，用餐具按压食品或戴薄指套以手指进行触感，鉴别食品有无腐败变质的迹象。

（九）涂片染色镜检

1. 涂片

对感官或 pH 检查结果认为可疑的，以及腐败时 pH 反应不灵敏的（如肉、禽、鱼类等）罐头样品，均应进行涂片染色镜检。带汤汁的罐头样品可用接种环挑取汤汁涂于载玻片上。固态食品可以直接涂片或用少量灭菌生理盐水稀释后涂片。待干后用火焰固定。油脂性食品涂片自然干燥并火焰固定后，用二甲苯流洗，自然干燥。

2. 染色镜检

用革兰染色法染色，镜检，至少观察 5 个视野，记录细菌的染色反应、形态特征以及每个视野的菌数。与同批的正常样品进行对比，判断是否有明显的微生物增殖现象。

（十）接种培养

保温期间出现的胀听、泄漏，或开罐检查发现 pH、感官质量异常、腐败变质，进一步镜检发现有异常数量细菌的样罐，均应及时进行微生物接种培养。

对需要接种培养的样罐（或留样）用灭菌的适当工具移出约 1mL（g）内容物，分别接种培养。接种量约为培养基的 1/10。要求在 55℃培养基管，在接种前应在 55℃水浴中预热至该温度，接种后立即放入 55℃恒温箱培养。

（1）低酸性罐头食品（每罐）接种培养基、管数及培养条件见表 3-21。

表 3-21　低酸性罐头食品的检验

培养基	管数	培养条件/℃	时间/h
庖肉培养	2	36±1(厌氧)	96～120
庖肉培养	2	36±1(厌氧)	24～72
溴甲酚紫葡萄糖肉汤(带倒管)	2	36±1(厌氧)	96～120
溴甲酚紫葡萄糖肉汤(带倒管)	2	36±1(厌氧)	24～72

（2）酸性罐头食品（每罐）接种培养基、管数及培养条件见表 3-22。

表 3-22　酸性罐头食品的检验

培养基	管数	培养条件/℃	时间/h
酸性肉汤	2	55±1(需氧)	48
酸性肉汤	2	30±1(需氧)	96
麦芽浸膏汤	2	30±1(需氧)	96

（十一）微生物培养检验程序及判定

（1）将按表 3-21 或表 3-22 接种的培养基管分别放入规定温度的恒温箱中进行培养，每天观察培养生长情况（见 GB/T 4789.26 中低酸罐头食品培养检验及判断程序图）。

对在 36℃±1℃培养有菌生长的溴甲酚紫肉汤管，观察产酸、产气情况，并涂片染色镜检。如果是含杆菌的混合培养物或球菌、酵母菌或霉菌的纯培养物，不再往下检验；如仅有芽孢杆菌则为嗜温性需氧芽孢杆菌；如仅有杆菌无芽孢则为嗜温性需氧杆菌，如需进一步证实是否是芽孢杆菌，可转接于锰盐营养琼脂平板在 36℃±1℃培养后再做判断。

对 55℃±1℃培养有菌生长的溴甲酚紫肉汤管，观察产酸、产气情况，并涂片染色镜检。如有芽孢杆菌，则判为嗜热性需氧芽孢杆菌；如仅有杆菌而无芽孢则判为嗜热性需氧杆菌。如需要进一步证实是否有芽孢杆菌，可转接于锰盐营养琼脂平板，在 55℃±1℃培养后再做判断。

对在 36℃±1℃培养有菌生长的庖肉培养基管，涂片染色镜检。如为不含杆菌的混合菌相，不再往下进行；如有杆菌，带或不带芽孢，都要转接于两个血琼脂平板（或卵黄琼脂平板），在 36℃±1℃分别进行需氧和厌氧培养。在需氧平板上有芽孢生长，则为嗜温性兼性厌氧芽孢杆菌，如为梭状芽孢杆菌，应用庖肉培养基原培养液进行肉毒梭菌及肉毒毒素检验（按 GB/T 4789.12 进行）。

对在 55℃±1℃培养有菌生长的庖肉培养基管，涂片染色镜检。如有芽孢，则为嗜热性厌氧芽孢杆菌或硫化腐败性芽孢杆菌；如无芽孢则为嗜热性厌氧芽孢杆菌。

（2）对有微生物生长的酸性肉汤和麦芽浸膏管进行观察，并涂片染色镜检。按所发现的微生物判定。

（十二）罐头密封性检查

将被检罐头置于 36℃±1℃水浴中，使罐头沉入水面以下 5cm，然后观察 5min，发现有小气泡连续上升者，表明漏气。

（十三）结果判定

该批（锅）罐头食品经审查生产操作记录，属于正常；抽取样品经保温试验未胖听或泄漏；保温后开罐，经感官检查、pH 测定或涂片镜检，或接种培养，确证无微生物增殖现象，则为商业无菌。

该批（锅）罐头食品经审查生产操作记录，未发现问题；抽取样品经保温试验有一罐及一罐以上发生胖听或泄漏；或保温后开罐，经感官检查、pH 测定或涂片镜检和接种培养，确证有微生物增殖现象，则为非商业无菌。

五、作业与思考

1. 什么叫商业无菌？
2. 罐头出现胖听的原因是什么？

实验三十　食品中乳酸菌检验

一、目的要求

了解食品中乳酸菌的分离原理，学习并掌握食品中乳酸菌菌数的检测方法。

二、基本原理

由于乳酸菌对营养有复杂的要求，生长需要碳水化合物、氨基酸、肽类、脂肪酸、酯类、核酸衍生物、维生素和矿物质等，一般的肉汤培养基难以满足其要求。测定乳酸菌时必须尽量将试样中所有活的乳酸菌检测出来。要提高检出率，关键是选用特定良好的培养基，采用稀释平板菌落计数法，检测酸奶中的各种乳酸菌可获得满意的结果。

三、器具材料

（1）设备和材料　除微生物实验室常规灭菌及培养设备外，其他设备和材料如下：

恒温培养箱（36℃±1℃），冰箱（2～5℃），均质器及无菌均质袋，均质杯或灭菌乳钵，天平（感量 0.1g），无菌试管（18mm×180mm、15mm×100mm），1mL 无菌吸管（具0.01mL 刻度），10mL（具 0.1mL 刻度）或微量移液器及吸头，无菌锥形瓶（500mL、250mL）。

（2）培养基和试剂　MRS 培养基，MC 培养基。

四、操作步骤

（一）检验程序

乳酸菌检验程序见图 3-12。

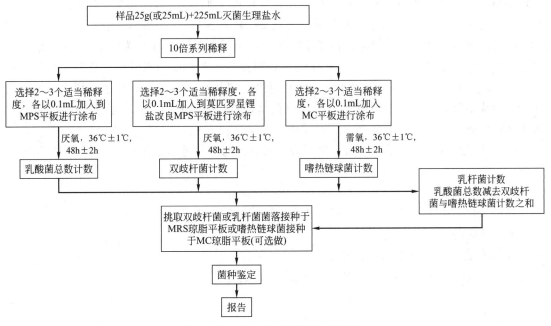

图 3-12　食品中乳酸菌检验程序

（二）操作步骤

1. 样品制备

（1）样品的全部制备过程均应遵循无菌操作程序。

（2）冷冻样品可先使其在 2～5℃ 条件下解冻，时间不超过 18h，也可在温度不超过 45℃的条件下解冻，时间不超过 15min。

（3）固体和半固体食品，以无菌操作称取 25g 样品，置于装有 225mL 生理盐水的无菌均质杯内，于 8000～10000r/min 均质 1～2min，制成 1:10 样品匀液；或置于装有 225mL 生理盐水的无菌均质袋中，用拍击式均质器拍打 1～2min 制成 1:10 的样品匀液。

（4）液体样品应先将其充分摇匀后以无菌吸管吸取样品 25mL 放入装有 225mL 生理盐水的无菌锥形瓶（瓶内预置适当数量的无菌玻璃珠）中，充分振摇，制成 1:10 的样品匀液。

（5）用 1mL 无菌吸管或微量移液器吸取 1:10 样品匀液 1mL，沿管壁缓慢注于装有 9mL 生理盐水的无菌试管中（注意吸管尖端不要触及稀释液），振摇试管或换用 1 支无菌吸管反复吹打使其混合均匀，制成 1:100 的样品匀液。

（6）另取 1mL 无菌吸管或微量移液器吸头，按上述操作顺序，做 10 倍递增样品匀液，每递增稀释一次，即换用 1 支 1mL 灭菌吸管或吸头。

2. 乳酸菌计数

（1）乳酸菌总数 根据待检样品活菌数的估计，选择 2～3 个连续的适宜稀释度，每个稀释度吸取 0.1mL 样品匀液分别置于 2 个 MRS 琼脂平板，使用 L 形棒进行表面涂布。36℃±1℃厌氧培养 48h±2h 后计数平板上的所有菌落数。从样品稀释到平板涂布整个试验过程要求在 15min 内完成。

（2）双歧杆菌计数 根据对待检样品双歧杆菌含量的估计，选择 2～3 个连续的适宜稀释度，每个稀释度吸取 0.1mL 样品匀液于莫匹罗星锂盐（Li-Mupirocin）改良 MRS 琼脂平板，使用灭菌 L 形棒进行表面涂布，每个稀释度作两个平板。36℃±1℃，厌氧培养 48h±2h 后计数平板上的所有菌落数。从样品稀释到平板涂布要求在 15min 内完成。

（3）嗜热链球菌计数 根据待检样品嗜热链球菌活菌数的估计，选择 2～3 个连续的适宜稀释度，每个稀释度吸取 0.1mL 样品匀液分别置于 2 个 MC 琼脂平板，使用 L 形棒进行表面涂布。36℃±1℃，需氧培养 48h±2h 后计数。嗜热链球菌在 MC 琼脂平板上的菌落特征为：菌落中等偏小，边缘整齐光滑的红色菌落，直径 2mm±1mm，菌落背面为粉红色。从样品稀释到平板涂布要求在 15min 内完成。

（4）乳杆菌计数 乳酸菌总数结果减去双歧杆菌与嗜热链球菌计数结果之和即得乳杆菌计数。

3. 菌落计数

参照《食品微生物学检验 菌落总数测定》GB/T 4789.2 结果报告方式。

五、作业与思考

1. 哪些食品是用乳酸菌进行发酵的？

2. 乳酸菌检测指标能不能反映食品的变质情况？

实验三十一　鲜乳中抗生素残留量检验

一、目的要求

学会鲜乳的样品采样和送检方法；掌握鲜乳中抗生素残留量检验的方法。

二、基本原理

鲜乳中抗生素残留量检验主要采用嗜热链球菌抑制法，也称 TTC（2,3,5-氯化三苯四氮唑）试验，TTC 试验是目前我国食品安全标准中规定用来测定乳中有无抗生素残留的方法。样品经 80℃ 杀菌后加入嗜热链球菌，培养一段时间后加入 TTC，如果样品中没有抗生素残留，嗜热链球菌就生长繁殖，在新陈代谢过程中进行生物氧化，其中脱出的氢可以和加在样品中的氧化性 TTC 结合而成为还原型 TTC，氧化型 TTC 是无色的，还原型 TTC 是红色的，所以可以使样品变红色。相反，如果样品中存在抗生素，嗜热链球菌就不能生长繁殖，没有氢释放，氧化型 TTC 也不被还原仍为无色，样品也不变色。根据待测牛奶的着色情况判断是否有抗生素存在。该方法简便、快速，无需特殊设备，2～3h 可见报告。

三、器具材料

（1）实验仪器设备　冰箱（4～2℃），恒温培养箱（36℃±1℃），恒温水浴锅（36℃±1℃、79℃±1℃），托盘扭力天平（0～100g，精度至 0.01g），灭菌吸管 [1mL（具 0.01mL刻度），10mL（具 0.1mL 刻度）]，灭菌试管（18mm×180mm），温度计，蜡笔。

（2）菌种、培养基和试剂　嗜热链球菌，脱脂乳 [脱脂奶粉按 10% 含量（W/V）加蒸馏水调制，经 113℃ 灭菌 20min]，4%2,3,5-氯化三苯四氮唑（TTC）水溶液。

四、操作步骤

（一）检验程序

鲜乳中抗生素残留量检验程序见图 3-13。

（二）操作步骤

1. 活化菌种

取一接种环嗜热链球菌菌种，接种在 9mL 灭菌脱脂乳中，置 36℃±1℃ 恒温培养箱中培养 12～15h 后，置 2～5℃ 冰箱保存备用。每 15d 转种一次。

2. 测试菌液

将经过活化的嗜热链球菌菌种接种灭菌脱脂乳，36℃±1℃ 培养 15h±1h，加入相同体积的灭菌脱脂乳混匀稀释成为测试菌液。

3. 培养

取样品 9mL，置于 18mm×180mm 试管内，每份样品做一份平行样，同时再做阴性和阳性对照各一份，阳性对照管用 9mL 青霉素 G 作参照溶液，阴性对照管用 9m 灭菌脱脂乳。所有试管置 80℃±2℃ 水浴加热 5min 冷却到 37℃ 以下，加测试菌液 1mL，轻轻旋转试管混匀。36℃±1℃ 水浴培养 2h，加 4%TTC 水溶液 0.3mL，在旋涡混匀器上混合 15s 或振动试管混匀。36℃±1℃ 水浴避光培养 30min，观察颜色变化。如果颜色没有变化，于水浴中继续避光培养 30min 作最终观察。观察时要迅速，避免光照过久出现干扰。

4. 判断方法

在白色背景前观察，试管中样品呈乳的原色时，指示乳中有抗生素存在，为阳性结果。

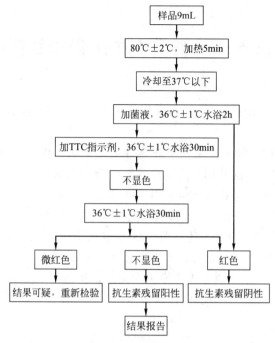

图 3-13 鲜乳中抗生素残留量检验程序

试管中样品呈红色为阴性结果。如最终观察现象仍为可凝，建议重新检测。

5. 报告

最终观察时，样品变为红色，报告为抗生素残留阴性。样品依然呈乳的原色，报告为抗生素残留阳性。本方法检测几种常见抗生素的最低检出限为：青霉素 0.004IU，链霉素 0.5IU，庆大霉素 0.4IU，卡那霉素 5IU。

具体内容见表 3-23 和表 3-24。

表 3-23 显色状态判断标准

显色状态	判断
未显色者	阳性
微红色者	可疑
桃红色~红色	阴性

表 3-24 检测各种抗生素的灵敏度

抗生素名称	最低检出量/IU
青霉素	0.004
链霉素	0.5
庆大霉素	0.4
卡那霉素	5

五、作业与思考

1. TTC（2,3,5-氯化三苯四氮唑）检测鲜乳中残留抗生素的原理是什么？

2. 为什么选择嗜热链球菌作为受试菌？

第四部分

食品微生物学应用实验技术

实验三十二　小曲质量的测定

一、目的要求

了解小曲质量优劣的体现以及质量的好坏对酒的影响；掌握小曲质量的检测方法。

二、基本原理

小曲内主要菌是根霉及酵母（做甜酒的小曲酵母很少），根霉糖化淀粉生成糖，而酵母则将糖转变为酒，同时产生 CO_2 气体。根霉虽然也有酒精发酵力，但能力过小，必须有酵母存在，才能正常发酵。因此小曲质量优劣，要看其中根霉及酵母品种的优劣及多少。不同小曲中的根霉品种不同，糖化力大有差异。同种根霉制成小曲因接种量和培养时间的不同，糖化力的大小有差异。小曲的发酵力，酵母的活性也与糖化力有类似的问题即酵母质与量的问题。本实验采用比较简单的方法以物料重量的变化来测定小曲糖化力和发酵力。

三、器具材料

米饭，发酵液培养基（蔗糖 20g，磷酸铵 1.25g，磷酸二氢钾 1.25g，水 250mL），发酵栓，培养箱，高压蒸汽灭菌锅，三角瓶，天平，小曲等。

四、操作步骤

（一）小曲糖化力的测定

测定小曲中根霉的糖化力，采用糖化发酵法测定培养后的糖化力。

糯米清洗后浸泡 18～24h，沥干水分，用纱布吸干余水，米约含水量为 50%。称米 100g，置 500mL 三角瓶中，包扎，115℃杀菌 15min，冷却后接入小曲粉 0.1g 和培养 18h 的发酵力强的酵母 15mL，摇匀，放入 30℃±1℃恒温箱中，培养 48h。加入无菌水 250mL，换棉栓为发酵栓称量。30℃±1℃恒温发酵，每天称量一次，一周为止。总减轻量即为发酵生成的 CO_2 量（a）。180g 的糖理论上出 88g CO_2，约为 1/2，故 100g 米饭中的糖全发酵后可出约 20g CO_2，故用下列公式求糖化发酵率（SF）：SF＝$a/20×100$。

（二）小曲发酵力的测定

取发酵液 50mL 于 150mL 的三角瓶内，包扎常压杀菌 60min，冷却后加小曲粉 1g，称量。置于 30℃±1℃恒温培养箱中，保温 24h，再称其量（称量前半小时将其 CO_2 完全逸出）。两次重量之差即为所损失 CO_2 的重量，由此可计算其发酵力。

$$发酵力 = \frac{损失二氧化碳重(g)}{1.75} \times 100$$

式中，1.75 为依麦塞尔（Miessl）氏规定，1g 酵母能发酵产生 1.75g CO_2 者，称为规定酵母，定其发酵力为 100。现以 1g 小曲逸出 1.75g CO_2 者，则其发酵力亦定为 100 作为计算基础。此方法适合于酒曲发酵力的检测，同样适于压榨酵母、固体酵母、活性干酵母发酵力的测定。

五、作业与思考

1. 糖化力和发酵力测定的原理是什么？

2. 小曲糖化力和发酵力测定在实际生产中有何意义？

实验三十三　糖化曲的制备及其活力的测定

一、目的要求

学习制作糖化曲的方法；掌握糖化酶活力的测定原理和方法。

二、基本原理

1. 淀粉糖化可发酵性糖

糖化曲是发酵工业中普遍使用的淀粉糖化剂。种类很多，如大曲、小曲、麦曲和麸曲等。曲中菌类复杂，曲霉菌是酒精和白酒生产中常用的糖化菌，含有许多活性强的糖化酶（淀粉酶），能把原料中的淀粉转变成可发酵性糖。在酒精和白酒生产中应用最广的是米曲霉。米曲霉是好气性微生物，生长时需要有足够的空气。因此在制备固体曲时，除供给其生长繁殖必需的营养、温度和湿度外，还必须进行适当的通风，以供给曲霉呼吸用氧。

2. 糖化酶活力的测定

糖化酶的活力单位通常规定为在一定的反应条件（40℃、pH 值为 4.6）下，1g 固体酶粉（或 1mL 液体酶），1h 分解可溶性淀粉产生葡萄糖的质量（mg），即为 1 个酶活力单位，以 U/g（mL）表示。

固体曲糖化酶活力的测定，采用可溶性的淀粉为底物，在一定的 pH 值和温度条件下，使之水解为葡萄糖，以斐林试剂快速滴定法测定。斐林试剂由甲、乙液组成，甲液为硫酸铜溶液，乙液为氢氧化钠与酒石酸钾钠溶液。平时甲、乙液分别贮存，测定时，二者等体积混合。混合时硫酸铜与氢氧化钠反应，生成氢氧化铜沉淀，沉淀与酒石酸钾钠反应，生成酒石酸钠铜络合物，使氢氧化铜溶解。酒石酸钾钠铜络合物中二价铜是一个氧化剂。能使还原糖中的羰基氧化，而二价铜被还原成一价的氧化亚铜沉淀。反应终点用亚甲基蓝指示剂显示。由于亚甲基蓝氧化能力较二价铜弱，故待二价铜全部被还原后，过量 1 滴还原糖被亚甲基蓝氧化，亚甲基蓝本身被还原，溶液蓝色消失以示终点。

三、器具材料

（1）设备和材料　恒温水浴箱，恒温培养箱，高压锅，磁盘，试管，锥形瓶，50mL 具塞比色管，滴定管。

（2）菌种　米曲霉（*Asp.oryzae*）$AS_{3.402}$ 斜面试管菌。

（3）培养基和试剂　麸皮，稻皮，斐林试剂，0.1% 标准葡萄糖溶液，pH 4.6 的乙酸-乙酸钠缓冲液，2% 可溶性淀粉溶液，0.1moL/L NaOH 溶液。

四、操作步骤

1. 糖化曲制备（以浅盘麸曲为例）

（1）菌种的活化　无菌操作取原试管菌 1 环接入马铃薯培养基斜面，或用无菌水稀释法接种，28℃保温培养 3～5d，取出，备用。

（2）锥形瓶种曲培养　称取一定量的麸皮，按麸皮：水为 1:（1.0～1.1）比例加水，搅拌均匀，装瓶，料厚 0.8～1.0cm，包扎，在 121℃灭菌 30min。趁热摇瓶，冷却后接种，25～28℃培养，待瓶内麸皮已结成饼时，进行扣瓶，继续培养 1～2d 即成熟。要求成熟种曲孢子稠密、整齐。

（3）糖化曲制备

① 配料　称取一定量的麸皮，按麸皮：水为1∶1.2比例加水，搅拌混匀。

② 蒸料　蒸汽蒸煮40～60min。时间过短，料蒸不透对曲质量有影响；时间过长，麸皮易发黏。

③ 接种　将蒸料趁热打散，冷却，当料冷至40℃时，接入0.25%～0.35%（按干料计）锥形瓶种曲，搅拌均匀，将其平摊在灭过菌的瓷盘中，料厚为1～2cm。盖上盖子或用牛皮纸包扎，置28℃培养箱或保温房培养。

④ 前期管理　这段时间为孢子膨胀发芽期，料醅不发热，控制温度30℃左右。8～10h，孢子已发芽，开始蔓延菌丝，品温开始上升，应控制品温30～32℃。若温度过高，则水分蒸发过快，影响菌丝生长。

⑤ 中期管理　这时菌丝生长旺盛，呼吸作用较强，放热量大，品温迅速上升。立即进行翻曲，控制品温不超过33～35℃。盖子或牛皮纸不再包扎，稍微搁在上面。便于散热和水分散失。培养时间为18h左右。

⑥ 后期管理　这阶段菌丝生长缓慢，故放出热量少，品温开始下降，应降低湿度，提高培养温度，将品温提高到33～35℃，以利于水分排出。这是制曲很重要的排潮阶段，对酶的形成和成品曲的保存都很重要。出曲水分应控制在25%以下。总培养时间24～28h左右。

⑦ 干燥　将曲坯用牛皮纸包扎好置45～50℃下烘24～36h，使曲水分应控制在15%以下密封，备用。

⑧ 糖化曲感官鉴定　要求菌丝粗壮浓密，无干皮或"夹心"，没有怪味或酸臭味，曲呈米黄色，孢子尚未形成，有曲清香味，曲块结实。

2. 糖化酶活力测定

（1）5%固体曲酶液的制备　称取5.0g固体曲（干重），置于250mL烧杯中，加90mL水和10mL pH4.6的乙酸-乙酸钠缓冲液，摇匀，于40℃水浴中保温1h，每隔5min搅拌1次。用脱脂棉过滤，滤液为5%固体曲酶液。

（2）糖化　吸取25mL 2%可溶性淀粉溶液，置入50mL比色管中，于40℃水浴预热5min。准确加入5mL 5%固体曲酶液，立即记下时间，摇匀，于40℃水浴准确保温糖化1h。而后迅速加入15mL 0.1mol/L氢氧化钠溶液，终止酶解反应。冷却至室温，用水定容至刻度。同时做一空白液。空白液制备：吸取2%可溶性淀粉25mL，置入50mL比色管中，加入0.1mol/L氢氧化钠溶液15mL，然后准确加入5mL固体曲酶液，于40℃水浴准确保温糖化1h后用水定容至刻度。

（3）葡萄糖测定　吸取斐林试剂甲、乙液各5mL，置入150mL锥形瓶中，加5mL糖化液，于电炉上加热至微沸，立即用0.1%标准葡萄糖溶液滴定至蓝色消失呈浅黄色，此滴定操作在1min内完成。0.1%标准葡萄糖溶液其消耗用体积（mL）为V。

同时作空白试验：准确吸取5mL空白液代替5mL糖化液，其余操作同上。其0.1%标准葡萄糖溶液其消耗用体积（mL）为V_0。

（4）计算　固体曲糖化酶活力定义：每1g干重固体曲，40℃，pH值4.6，1h内水解可溶性淀粉为葡萄糖的质量（mg）。

$$糖化酶活力(U/g) = (V_0 - V) \times c \times \frac{50}{5} \times \frac{100}{5} \times \frac{1}{m} \times 1000$$

式中　V_0——5mL空白液消耗0.1%标准葡萄糖溶液的体积，mL；

V——5mL 糖化液消耗 0.1% 标准葡萄糖溶液的体积，mL；

c——标准葡萄糖溶液的质量浓度，g/mL；

$\dfrac{50}{5}$——5mL 糖化液换算成 50mL 糖化液中的糖量，g；

$\dfrac{100}{5}$——5mL 糖化液换算成 100mL 糖化液中的糖量，g；

m——干曲称取量，g；

1000——g 换算成 mg。

五、作业与思考题

1. 为准确地测定糖化酶的活力，在操作中应用注意哪些因素？
2. 糖化酶活力的高低与哪些因素有关？

实验三十四　蛋白酶产生菌的筛选及其活力的测定

一、目的要求

学习蛋白酶产生菌的筛选方法；掌握蛋白酶活力测定的原理和方法。

二、基本原理

土壤中分布着能产蛋白酶的细菌，采用稀释平板分离法可将土样中的细菌直接在酪蛋白平板上获得细菌的单菌落，具有产蛋白酶能力的细菌将酪蛋白水解生成酪氨酸，其菌落周围就会出现透明的水解圈。根据平板上水解圈直径和菌落直径的比值（R/r），即可选出能产较大水解圈的菌株。在此基础上，进行复筛即摇瓶发酵培养后，通过测定发酵液中蛋白酶活力可最终确定高产蛋白酶的菌株。

蛋白酶测定采用福林法，即在一定的温度和 pH 条件下，水解干酪素底物，产生含有酚基的氨基酸（如酪氨酸、色氨酸等），在碱性条件下，将福林试剂还原，生成钼蓝和钨蓝，用分光光度计法测定，计算其活力。因此可以利用这个原理来测定蛋白酶活性的强弱。以酪蛋白作为底物，在一定的温度和 pH 条件下，同一定量的酶液经过一定时间反应后，加入三氯乙酸，以终止酶反应，并使残余的酪蛋白沉淀。然后过滤，取滤液（即含有蛋白水解产物的三氯乙酸液）用碳酸钠碱化，再加入福林试剂使之发色。用分光光度计或光电比色计测定，根据光密度的读数计算蛋白酶的活性。

三、器具材料

（1）样品　土壤。

（2）培养基

① 分离培养基　蛋白胨 10g，葡萄糖 1g，氯化钠 5g，氯化钙 0.1g，L-酪氨酸 0.1g，琼脂 20g，酪素 5g，蒸馏水 1000mL，pH 值 7.2～7.4，112℃灭菌 30min。

② 发酵培养基　葡萄糖 10g，酵母膏 2g，蛋白胨 0.2g，氯化钠 2g，氯化钙 2g，磷酸氢二钾 5g，磷酸二氢钾 1.25g，硫酸镁 0.01g，硫酸铁 0.001g，蒸馏水 1000mL，pH 值 7.0。

（3）试剂　福林试剂；0.4mol/L 碳酸钠溶液，0.4mol/L 三氯乙酸（TCA），0.5mol/L 氢氧化钠，0.1mol/L 及 1mol/L 盐酸溶液，pH7.2 的磷酸缓冲液，1% 和 2% 酪蛋白溶液，100μg/mL 酪氨酸标准溶液。

（4）仪器和器具　恒温水浴锅（40℃±2℃），分光光度计，高速冷冻离心机，恒温摇床，紫外可见分光光度计，HZQ-F160 高低温恒温振荡培养箱，高速离心机。

四、操作步骤

1. 蛋白酶产生菌筛选

（1）样品的制备　选取采取地点地表植被根系周围的土壤，首先除去地表浮土，然后挖取 5cm 深的土壤样品，约取 500g，装入灭菌后的塑料袋内，4℃冰箱中保存备用。

（2）产酶菌株的分离　每份样品取土样 25g 加入到装有 225mL 无菌水的锥形瓶（含玻璃珠）中，36℃±1℃ 220r/min 旋转摇床振荡培养 15min。土壤样品混合液进行梯度稀释，得到 10^{-1}～10^{-8} 稀释度的稀释液。分别取 1mL 与分离培养基在平板中混合均匀，36℃±1℃恒温培养 24～48h。根据平板上蛋白水解圈直径的比值大小，选出能产生较大水解圈的菌株，经斜面培养后于 4℃冰箱中保存。

（3）液体发酵复筛　取初筛得到的菌株接种至 5mL 液体发酵培养基中，37℃、230r/min 条件下振荡培养 40h，5000r/min 离心 30min，取上清液，用酪蛋白琼脂平板进一步确定不同菌株降解蛋白质能力大小，筛选出产酶活力最好的菌株。

（4）产蛋白酶菌株的发酵实验　将筛选菌株接种至 5mL 的牛肉膏蛋白胨液体培养基中，36℃±1℃、220r/min 摇 12～16h，按 5％接种量接种至 50mL 的液体发酵培养基中，36℃±1℃、220r/min 培养 48h，10000r/min 离心 10min，取上清液测定蛋白酶活力。

2. 蛋白酶活性的测定

（1）平板定性检测　将发酵上清液点于 2％酪蛋白平板上，放入 37℃水浴锅温浴一段时间，观察透明圈大小。在复筛与活性确认过程中，可以在平板上加入 0.4mol/L TCA 突出水解圈效果。

（2）蛋白酶活力的测定——改良的 Folin-酚试剂显色法

① 标准曲线的绘制　以酪氨酸为反应底物，配制不同浓度的酪氨酸溶液（10～50μg/mL，表 4-1），采用福林酚法定量检测 680nm 的吸光值，并以蒸馏水作为对照。以酪氨酸溶液作为横坐标，680nm 的吸光值作为纵坐标绘制标准曲线和回归方程。

表 4-1　L-酪氨酸系列标准溶液

管号	酪氨酸标准溶液浓度 /(μg/mL)	移取 100μg/mL 酪氨酸标准溶液体积/mL	蒸馏水体积 /mL
0	0	0	10
1	10	1	9
2	20	2	8
3	30	3	7
4	40	4	6
5	50	5	5

分别取上述溶液各 1.00mL，各加 0.4mol/L 碳酸钠溶液 5.00mL、福林试剂使用液 1mL，置于 40℃±2℃水浴中显色 20min 取出，用分光光度计波长 680nm、10mm 的比色皿，以不含酪氨酸的 0 管为空白，分别测定其吸光度。以吸光度 A 为纵坐标，酪氨酸的浓度 c 为横坐标，绘制标准曲线。根据作图或用回归方程，计算出当吸光度为 1 时酪氨酸的量（μg）即为吸光常数 K 值。

② 测定　取 1mL 样品加入已预先 40℃±2℃保温的装有 1mL 1％酪蛋白溶液（pH7.2 的磷酸缓冲液配制）的离心管中，于 40℃±2℃水浴中保温 10min，迅速加入 2mL 0.4mol/L 三氯乙酸终止反应，继续置于水浴中保温 20min，离心后取上清液 1mL 置于试管中，加入 5mL 0.4mol/L 碳酸钠溶液及 1mL 福林溶液，混匀后于 40℃±2℃保温 20min，测定其在 680nm 处的吸光度。酶活力定义：在 pH 值 6.8 的测定条件下，每 1min 水解酪蛋白释放 1μg 酪氨酸的酶量为 1 个蛋白酶活力单位（U）。

$$酶活力(U/mL)=\Delta OD_{680nm}\times K\times(4/10)\times N$$

式中，ΔOD_{680nm} 为样品测定与空白试验光密度值之差；K 为吸光常数，数值上等于 OD_{680nm} 值为 1 时的酪氨酸的量，μg，由酪氨酸标准曲线测定计算后得到；4 为反应试剂总体积，mL；10 为反应时间，min；N 为酶液稀释的倍数。

注：以上介绍的方法用于测定中性蛋白酶（pH7.2）；如果需要测定酸性蛋白酶和碱性蛋白酶活力，则把配制酪蛋白溶液和稀释酶液用的 pH 缓冲液换成相应 pH 缓冲液即可，其余方法同。

五、作业与思考题

1. 按照 pH 不同，蛋白酶分为酸性、中性和碱性蛋白酶，这三类酶作用蛋白质有什么差异？

2. 为准确地测定蛋白酶的活力，在操作中应用注意哪些因素？

实验三十五　酱油种曲中米曲霉孢子数及发芽率的测定

一、目的要求

熟悉应用血细胞计数板测定孢子数的方法；学习孢子发芽率的测定方法。

二、基本原理

种曲是成曲的曲种，是保证成曲的关键，是酿制优质酱油的基础。种曲质量要求之一是含有足够的孢子数量，必须达到 6×10^9 个/g（干基计）以上，孢子旺盛、活力强、发芽率达 85％以上，所以孢子数及其发芽率的测定是种曲质量控制的重要手段。测定孢子数方法有多种，本实验采用常用的细胞计数方法——血细胞计数板显微镜直接计数。

测定孢子发芽率的方法常有液体培养法和玻片培养法，部颁标准采用玻片培养法。用液体培养法测定孢子发芽率的影响因素除受孢子本身活力外，培养基种类、培养温度、通气状况等因素也会直接影响到测定的结果。所以测定孢子发芽率时，要求选用固定的培养基和培养条件，才能准确反映其真实活力。

三、器具材料

（1）样品　酱油种曲，种曲孢子粉。

（2）仪器和器具　载玻片，盖玻片，凹玻片，漩涡均匀器，血细胞计数板，电子天平，无菌试管，含玻璃珠的锥形瓶，吸管，显微镜，擦镜纸，纱布，吸水纸，接种环，恒温摇床。

（3）试剂　95％酒精，稀硫酸（1∶10），无菌生理盐水，察氏液体培养基。

四、操作步骤

（一）酱油种曲孢子数测定

流程：种曲→称量→稀释→过滤→定容→制计数板→观察计数→计算。

1. 计数样品的制备

精确称取种曲1g（称准至0.002g），倒入盛有玻璃珠的250mL锥形瓶内，加入95％酒精5mL、无菌水20mL、稀硫酸（1∶10）10mL，在漩涡均匀器上充分振摇，使种曲孢子分散，然后用3层纱布过滤，用无菌水反复冲洗，务使滤渣不含孢子，最后稀释至500mL。

按无菌操作要求，用1mL无菌吸管自稀释10倍的啤酒酵母菌培养液试管中吸取菌液1mL移入9mL无菌水中，充分混匀，即得稀释100倍的计数样品。稀释液的浓度以镜检时视野中每小格的菌数为5～10个为宜。

2. 制计数板

清洗计数板：将血细胞计数板及专用的厚盖玻片用药棉蘸取95％酒精轻轻擦洗，然后用自来水冲洗，再让其自然晾干或吸水纸吸干。

取洁净干燥的血细胞计数板盖上盖玻片，用无菌滴管取孢子稀释液1小滴，滴于盖玻片的边缘处（不宜过多），让滴液自行渗入计数室中，注意不可有气泡产生。若有多余液滴，可用吸水纸吸干。

3. 观察计数

（1）观察　静置几分钟后，先置低倍镜下观察，找到中央平台上的小方格网后，转换高倍镜进行计数。

在进行观察计数时，由于孢子在血细胞计数板上处于不同的空间位置，要在不同的焦距下才能看到。所以观察时必须不断调节微调螺旋方能数到全部孢子，防止遗漏。如菌体位于小格的线上，计数时则数上线不数下线、数左线不数右线，这样做，即可减少误差。每个样品应重复计数 2～3 次（每次数值差数不应过大，否则应重测）再取其平均值。

（2）计数　计数时，如用 16×25 规格的计数板，则取左上、右上、左下、右下四种格（共 100 个小格）的孢子数；如用 25×16 规格的计数板，则除了取左上、右上、左下、右下四个中格外，还需加数中央的一个中格（共 80 个小格）的孢子。在分别求出 100 个小格或 80 个小格的孢子平均数后，按下式计算。

① 16×25 的计数板

$$孢子数（个/g）=（N/100）×400×10000×（V/G）=4×10^4×（NV/G）$$

式中，N 为 100 个小格内孢子总数；V 为孢子稀释液体积，mL；G 为样品质量，g。

② 25×16 的计数板

$$孢子数（个/g）=（N/80）×400×10000×（V/G）=5×10^4×（NV/G）$$

式中，N 为 80 个小格内孢子总数；V 为孢子稀释液体积，mL；G 为样品质量，g。

把结果记入表 4-2。

表 4-2　血细胞计数板孢子测定数

计算次数	中格孢子数/个	小格平均孢子数/个	稀释倍数	孢子数/（个/g）	平均值/（个/g）
第一次					
第二次					

（3）清洗　计数完毕后，将血细胞计数板及专用的厚盖玻片用自来水轻洗，再让其自然晾干或吸水纸吸干，最后用擦镜纸包好保存。注意不得用粗糙物品擦抹中央平板，以免损坏小格刻度。

（4）注意事项

① 实验中，称样时要尽量防止孢子的飞扬。测定时，如果发现有许多孢子集结成团或成堆，说明样品稀释未能符合操作要求，因此必须重新称量、振摇、稀释。生产实践中应用时，种曲通常以干物质计算。

② 计数时计数室内不能有气泡。如果有一定重新做。

③ 为了减少误差，避免重复或遗漏计数，凡是遇到方格线上的菌体，一律作为底线或右侧线上的菌体进行计数。

（二）米曲霉孢子发芽率测定法

流程：种曲孢子粉→接种→恒温培养→制标本片→镜检→计数。

1. 液体培养法

（1）接种　用接种环挑取种曲少许接入无菌含察氏液体培养基的锥形瓶中，置于 30℃±1℃ 下转速 100～120r/min 的摇床 3～5h。培养前要检查调整孢子接入量，以每个视野含孢子数 10～20 个为宜。

（2）制片　用无菌滴管取上述培养液于载玻片上滴一滴，使观察效果好，可以加入一点棉蓝染色液，盖上盖玻片，注意不可产生气泡。

（3）镜检 将标本片直接放在高倍镜下观察发芽情况，标本片至少同时做 2 个，连续观察 2 次以上，取平均值，每次观察不少于 100 个孢子发芽情况。

（4）计算

$$发芽率＝A/(A＋B)\times100\%$$

式中，A 为发芽孢子数，个；B 为未发芽孢子数，个。

把实验结果记入表 4-3。

表 4-3 孢子发芽率的计算

孢子发芽数（A）	发芽和未发芽孢子数（$A＋B$）	发芽率%	平均值

2. 玻片培养法

（1）制备悬浮液 取种曲少许入盛有 25mL 事先灭菌的生理盐水和玻璃珠的锥形瓶中，充分振摇约 15min，务使孢子个个分散，制成孢子悬浮液。

（2）制作标本 先在凹玻片的凹窝内滴入无菌水 1 滴，再将察氏培养基熔化并冷却至 45～50℃后，接入孢子悬浮液数滴。充分摇匀后，用玻璃棒以薄层涂布在盖玻片上，然后反盖于凹玻片的窝上，四周涂凡士林封固。放置 30℃±1℃恒温箱内培养 3～5h。

（3）镜检 取出标本在高倍镜头下观察孢子发芽情况，逐个数出发芽孢子数和未发芽孢子数。

（4）计算

$$发芽率＝A/(A＋B)\times100\%$$

式中，A 为发芽孢子数，个；B 为未发芽孢子数，个。

（5）注意事项

① 悬浮液制备后要立刻制作标本培养，时间不宜放长。

② 培养基中接入悬浮液的数量，应根据视野内孢子数多少来决定，一般以每视野内有 10～20 个孢子为宜。

③ 由于发芽快慢与温度有密切关系，所以培养温度要严格控制。为了加速发芽，可提高培养温度至 35℃±1℃左右，但必须与 30℃±1℃法进行对照。

五、作业与思考题

1. 用血细胞计数板测定孢子数有什么优缺点？

2. 影响孢子发芽率的因素有哪些？哪些实验步骤容易造成结果误差？

3. 试分析影响本实验结果的误差来源及改进措施。

4. 测定霉菌孢子还有哪些方法，它们之间有何区别？

实验三十六　腐乳制作

一、目的要求

熟悉豆腐乳发酵的工艺过程；观察豆腐乳发酵过程中的变化。

二、基本原理

豆腐乳是我国独特的传统发酵食品，是用豆腐发酵制成的。豆腐乳的发酵过程，一般可分为前期发酵与后期发酵，前期发酵是指豆腐坯上长满霉（毛霉），后期发酵是腌制在嫌气条件下发生各种生物物理化学反应形成细腻、鲜香、营养丰富、特有的风味物质。民间传统生产豆腐乳均用自然发酵，15℃低温毛霉生长在豆腐上，需要7～10d，杂菌多，产品不卫生。现代酿造厂多采用纯种培养毛霉人工接种，豆腐发霉只需2～3d，产品稳定，质量好。

三、器具材料

（1）材料　五通桥毛霉（*Mucor wutungkiao*）AS$_{3.25}$斜面菌种，豆腐坯（含水量控制在60％～65％），红曲，面曲，甜酒酿，酒精体积分数为50％的白酒，黄酒，食盐，麸皮。

（2）仪器与用具　培养皿，锥形瓶，镊子，接种针，无菌纱布，竹筛，喷枪或喷壶，小刀，带盖广口玻璃瓶或缸，腐乳瓶子或坛子，显微镜，恒温培养箱。

四、操作步骤

1. 腐乳发酵剂的制备

先将毛霉菌种接入新鲜斜面培养基中活化，备用。

按麸皮：水为1：1将麸皮拌匀后装入锥形瓶内，盖满底部0.5cm厚，塞棉塞，121℃高压蒸汽灭菌30min，趁热摇散，冷却至室温。接入已活化的毛霉菌种，25～28℃培养，待菌丝和孢子生长旺盛，加适量无菌水，充分摇动，过滤制得孢子悬液，备用。

2. 接种培养与晾花

将豆腐坯切成2cm×2cm×2cm大小的方块状，置于竹筛内，每块四周留有空隙，将上述制备好的孢子菌悬液喷洒于豆腐坯上，用牛皮纸包扎，置一黑暗的箱体中，15～20℃培养2～3d至豆腐块上长满白色菌丝，菌丝顶尖有明显的水珠时放置阴凉处晾花2～4h，即将整框筛子取出，使其迅速冷却，其目的是使热量和水分散失，坯迅速冷却。使菌丝老熟，增加酶的分泌，并使霉味散发。

3. 搓毛腌坯

将晾花后的每块毛坯表面用手指轻轻揩抹一遍，使豆腐坯形成一层"皮衣"，以保持腐乳的块形，然后装入圆形玻璃瓶或缸中，沿壁以同心圆方式一圈一圈向内侧放置（注意毛坯刀口，即未长菌丝的一面靠边，不能朝下，以防成品变形）。码一层坯，撒一层盐，每层加盐量逐渐增大，装满后再撒一层封顶盐。腌制中盐分渗入毛坯，水分析出，为使上下层含盐均匀，腌坯3～4d时需加盐水淹没坯面。腌坯周期为5～7d，加盐量为每100块豆腐坯用盐约400g，使平均含盐量约为16％。

4. 配料与装坛发酵

（1）红方　按每100块坯用红曲米32g，面曲28g，甜酒酿1kg的比例配制染坯红曲卤和装瓶或坛红曲卤。先用200g甜酒酿浸泡红曲米和面曲2d，研磨细，再加200g甜酒酿调匀即为染坯红曲卤。将上述缸内盐坯每块搓开后，取出沥干，待坯块稍有收缩后，用红曲卤将每块六面染红，分层装入经预先消毒的坛内，直至装满。再将剩余的红曲卤用剩余的600g甜酒酿兑稀，灌入坛内，并加适量食盐和酒精体积分数为50%的白酒，加盖密封，在常温下贮藏6个月成熟。或于25℃±1℃恒温发酵，一个月即可成熟。

（2）白方 将腌坯沥干，待坯块稍有收缩后，将按甜酒酿0.5kg、黄酒1kg、白酒0.75kg、盐0.25kg的配方配制的汤料注入瓶中，淹没腐乳，加盖密封，在常温下贮藏2～4个月成熟。

5.质量鉴定

将成熟的腐乳开瓶，从腐乳的表面及断面色泽、组织形态（块形、质地）、滋味及气味、有无杂质等方面进行感官质量鉴定、评价。

五、作业与思考题

1.腐乳生产发酵原理是什么？为什么前期培养需要通气而后期发酵需要厌氧密封？

2.腌坯时所用食盐的作用是什么？

实验三十七 果酒酿造

一、目的要求

掌握果酒酿造的一般原理；学习果酒酿造的方法。

二、基本原理

果酒的生产是利用新鲜的水果为原料，利用野生的或人工添加酵母菌来分解糖分，产生酒精及其他副产物。伴随着酒精和副产物如甘油、琥珀酸、醋酸、杂醇油的产生，果酒内部发生一系列复杂的生化反应，再在陈酿澄清过程中经生化反应及沉淀等作用，最终赋予果酒独特的风味及色泽。

三、器具材料

（1）菌种和原料 葡萄酒酵母斜面或活性干酵母（*Saccharomyces serevisiae*），葡萄或苹果，白砂糖，柠檬酸，亚硫酸，硫黄。

（2）仪器与其他用具 发酵酒罐（缸、桶，小量可用大锥形瓶代替），台秤，糖度计，温度表，酒精计，破碎机，榨汁机，压盖机或软木塞，胶帽和纱布，乳胶管。

四、操作步骤

1. 容器消毒

制酒的各种容器，都必须进行消毒，方法是将容器洗净，然后用硫黄熏蒸，1m³ 用硫黄 8～10g。小型容器蒸汽消毒。

2. 原料选择

果实应充分成熟而完整。剔除生、青果粒以及霉烂果，果实上若有污物，应用清水冲洗干净。颜色艳、风味浓郁、果香典型、糖分含量高（21g/100mL）、酸分适中（0.6～1.2g/100mL）、出汁率高。

3. 酒母的制备

（1）葡萄酒酵母菌制备 将保藏用的葡萄酒酵母斜面菌种转移至新鲜马铃薯蔗糖琼脂斜面培养基上，28～30℃培养 24～48h，直至斜面长满菌苔，为母种。将活化好的酵母菌种移植到锥形瓶无菌马铃薯蔗糖液体培养基，置摇床中 28～30℃培养 24～48h，即得葡萄酒酵母菌发酵剂。

（2）活性干酵母活化

① 复水活化 向温水（35～42℃）中加入 10%的活性干酵母，小心混匀，静置使之复水、活化，每隔 10min 轻轻搅一下，经过 20～30min（在此活化温度下最多不超过 30min）酵母已复水活化，可直接添加到含 SO_2 的葡萄汁中去进行发酵。

② 活化后扩大培养 由于活性干酵母有潜在的发酵活性和生长繁殖能力，为提高使用效果，减少商品活性干酵母的用量，也可在复水活化后再进行扩大培养，制成酒母使用。做法是将复水活化的酵母投入澄清的含 80～100mg/L SO_2 的葡萄汁中培养，扩大比为 5～10倍，当培养至酵母的对数生长期后，再次扩大 5～10 倍培养。但为防污染，每次活化后的扩大培养以不超过 3 级为宜，培养温度与一般葡萄酒酒母相同。

4. 水果预处理

用破碎机破碎，少量可用手工破碎，方法是将果实放入盆内，除去果梗，挤破果皮即可。或用榨汁机榨汁，然后添加亚硫酸，添加量为 $40\sim80mg/L\ SO_2$，搅拌均匀。破碎后倒入发酵缸中，装入量为容器容积的 4/5，静置 4h 后接种。

5. 前发酵（主发酵）

按葡萄汁总容量的 3%～5% 接入活化好的酵母，温度控制在 20～28℃ 发酵 5～7d，当发酵容器中不再产生或不再明显产生气泡（气泡特别小且上升速度缓慢），品温逐渐下降到近室温，酒精积累接近最高，汁液开始清晰，皮渣酒母大部分下沉，酵母细胞逐渐死亡，活细胞减少，残糖降为 0.4% 以下时前发酵结束。在此期间应进行以下操作。

① 翻搅　开始发酵 2～3d 中，每天将容器中果浆汁翻搅 1～2 次，不让皮渣上浮，防止有害微生物的侵染，以便供给发酵所需的氧。

② 含糖量的调整　根据破碎后测得的果汁液浓度加糖使汁液含糖量达到 20%～22%，加糖在旺盛发酵时（约发酵 24h 后）进行。加糖时先用少量的果汁将白砂糖溶解，再加入到发酵液中。根据生成 1°酒精需 1.7g 葡萄糖或 1.6g 蔗糖原则，应补加糖量依成品酒精浓度而定。

③ 测量品温及糖度并记录。

6. 过滤及离心

主发酵完成后，先用纱布将清澈的酒液滤出，转入酒桶或缸中，添加 $50mg/L\ SO_2$，封严。皮渣中的酒液，用离心脱水机脱出，用另一酒桶盛装。半个月后，用乳胶管将酒液吸至另一容器中，装满封严，再经半个月倒换一次，以除去沉渣。

7. 下胶澄清过滤

短期贮存后的原酒逐渐变得清亮，酒脚沉淀于罐底。经倒酒，将酒与酒脚分离，然后用硅藻土或皂土、硅胶下胶。下胶处理结束后，应立即离心过滤，除去不稳定的胶体物质。

8. 陈酿

过滤的酒有辛辣味，不醇和，需要经过贮存一定时间，让其自然老熟，减少新酒的刺激性、辛辣性、使酒体绵软适口、醇厚香浓、口味协调。在陈酿期间，保证温度在 20℃ 左右，使酒自发地进行酯化与氧化反应。酒要满罐贮存，防止酒的氧化。

9. 杀菌、装瓶

果酒常用玻璃瓶包装。空瓶用 2%～4% 的碱液在 50℃ 以上温度浸泡后，清洗干净，沥干水后杀菌。果酒可先经巴氏杀菌再进行热装瓶或冷装瓶，含酒精低的果酒，装瓶后还应进行杀菌，70℃ 经 10～15min 杀菌即为成品。

五、作业与思考题

1. 画出果酒主发酵中品温、酒精含量及糖度的变化曲线，并对其实验结果进行分析。

2. 你酿造的果酒的感官品评结果是否理想，如存在瑕疵，其原因可能是什么？

3. 发酵过程有无不良发酵现象发生？

实验三十八　啤酒酵母的扩大培养及其啤酒发酵实验

一、目的要求

学习酵母菌种的扩大培养方法，为啤酒发酵准备菌种；熟悉啤酒发酵的工艺流程与发酵过程的控制技术。

二、基本原理

在进行啤酒发酵之前，必须准备好足够量的健壮发酵菌种。在啤酒发酵中，接种量一般控制在麦汁量的10％左右（使发酵液中的酵母量达$1×10^7$个/mL），因此，要进行大规模的啤酒发酵，首先必须进行酵母菌种的扩大培养。酵母菌种扩大培养的目的，一是获得足够量的酵母，二是使酵母由最适生长温度（30℃）逐步过渡到最适发酵温度（10℃）。啤酒酵母扩大培养是指从斜面种子到生产所用的种子的培养过程，这一过程又分为实验室扩大培养阶段和生产现场扩大培养阶段。

啤酒发酵是静置培养、厌气发酵的典型代表，啤酒酵母利用麦芽汁中糖、氨基酸等组分进行发酵，产生酒精等各种风味物质，形成啤酒的独特风味。经主发酵后的啤酒尚未成熟，称为嫩啤酒，必须经过后发酵过程才能饮用。后发酵在0～2℃下利用酵母菌本身的特性去除嫩啤酒的异味，即可使啤酒成熟。

三、器具材料

（1）菌种　啤酒酵母（*Saccharomyces cerevisiae*）。

（2）培养基　麦芽汁琼脂培养基，麦芽汁液体培养基。

（3）仪器与其他用具　生化培养箱，显微镜，富氏瓶，巴氏瓶，卡氏罐，汉生罐，带冷却装置的发酵罐（50L），pH计及糖度计等。

四、操作步骤

（一）啤酒酵母的扩大培养

1. 实验室扩大培养阶段

（1）斜面试管　一般为工厂自己保藏的纯粹原菌或由科研机构和菌种保藏单位提供。

（2）富氏瓶（或试管）培养　富氏瓶或试管装入10mL优级麦汁，灭菌、冷却备用。接入纯种酵母在25～27℃保温箱中培养2～3d，每天定时摇动。平行培养2～4瓶，供扩大时选择。

（3）巴氏瓶培养　取500～1000mL的巴氏瓶（也可用大锥形瓶或平底烧瓶），加入250～500mL优级麦汁，加热煮沸30min，冷却备用。在无菌室中将富氏瓶中的酵母液接入，在20℃保温箱中培养2～3d。

（4）卡氏罐培养　卡氏罐容量一般为10～20L，放入约半量的优级麦汁，加热灭菌30min后，在麦汁中加入1L无菌水，补充水分的蒸发，冷却备用。再在卡氏罐中接入1～2个巴氏瓶的酵母液，摇动均匀后，置于15～20℃下保温3～5d，即可进行扩大培养，或可供1000L麦汁发酵用。

2. 生产现场扩大培养阶段

卡氏罐培养结束后，酵母进入现场扩大培养。啤酒厂一般都用汉生罐、酵母罐等设备来进行生产现场扩大培养。

（1）麦汁杀菌　取麦汁 200～300L 加入杀菌罐，通入蒸汽，在 0.08～0.10MPa 下保温灭菌 60min，然后在夹套和蛇管中通入冰水冷却，并以无菌压缩空气保压。待麦汁冷却至 10～12℃时，先从麦汁杀菌罐出口排出部分沉淀物，再用无菌压缩空气将麦汁压入汉生罐内。

（2）汉生罐空罐灭菌　在麦汁杀菌的同时，用高压蒸汽对汉生罐进行空罐灭菌 1h，再通无菌压缩空气保压，并在夹套内通冷却水冷却备用。

（3）汉生罐初期培养　将卡氏罐内酵母培养液以无菌压缩空气压入汉生罐，通无菌空气 5～10min。然后加入杀菌冷却后的麦汁，再通无菌空气 10min，保持品温 10～13℃，室温维持 13℃。培养 36～48h 左右，在此期间，每隔数小时通风 10min。

（4）汉生罐旺盛期培养　当汉生罐培养液进入旺盛期时，一边搅拌，一边将 85% 左右的酵母培养液移植到已灭菌的一级酵母扩大培养罐，最后逐级扩大到一定数量，供现场发酵使用。

（5）汉生罐留种再扩培　在汉生罐留下的约 15% 的酵母培养液中，加入灭菌冷却后的麦汁，待起发后，准备下次扩大培养用。保存种酵母的室温一般控制在 2～3℃，罐内保持正压（0.02～0.03MPa），以防空气进入污染。

（6）啤酒酵母的质量检验

① 形态检验　液态培养中的优良、健壮的酵母细胞应具有均匀的形状和大小，平滑而薄的细胞壁，细胞质透明均一；年幼少壮的细胞内部充满细胞质；老熟的细胞出现液泡，内贮细胞液，呈灰色，折光性强；衰老细胞中液泡多，内容物多颗粒，折光性较强。

生产上使用的酵母一般死亡率应在 3% 以下，新培养的酵母死亡率应在 1% 以下。镜检中，不应有杂菌污染，酵母菌数应达到 1×10^8 个/mL。

② 发酵度检验　在正常情况下，外观发酵度一般为 75%～87%，真正发酵度为 60%～70%，外观发酵度一般比真正发酵度约高 20%。

（二）啤酒发酵

1. 麦汁制备

麦芽经过适当的粉碎，加入温水，在 55～65℃的温度下，利用麦芽本身的酶制剂，进行糖化（主要将麦芽中的淀粉水解成麦芽糖），为了降低生产成本，还可以加入 5% 的大米粉作辅料（大米粉中先加水煮沸）。制成的麦芽醪，用过滤袋进行过滤，得到麦芽汁，将麦芽汁转到麦汁煮沸锅中，将多余的水分蒸发掉，并加入酒花。

2. 啤酒主发酵

取 10°Bx 麦汁 50L，11℃接入 3%～5% 酵母菌（1×10^8 个/mL），保温 5～7d，至麦汁浓度为 4.0°Bx 时结束发酵，过滤得嫩啤酒。一般主发酵整个过程分为酵母繁殖期、起泡期、高泡期、落泡期和泡盖形成期五个时期，仔细观察各时期的区别。

3. 后发酵

当发酵罐中的糖度下降至 4.0～4.5°Bx 时，开始封罐，并将发酵温度降至 2℃左右，8～12d 后，罐压升至 0.1MPa，说明已有较多 CO_2 产生并溶入酒中，即可饮用。

4. 发酵过程的检测

发酵开始后每 24h 取样测定啤酒的外观浓度、pH 值，至外观浓度达 4.5°Bx 时，前发酵结束。检测方法为：用 100mL 量筒取样 100mL，用糖度计测外观浓度并记录；用 pH 计测发酵液 pH 值并记录。

5. 成品啤酒的检测

① 酒精的测定 　用量筒量取 100mL 除气啤酒以及 50mL 蒸馏水放入 500mL 烧瓶中，装上蒸馏装置蒸馏，冷凝器下端用 100mL 量筒接收蒸馏液。当蒸馏液接近 100mL 时，停止蒸馏，加水定容至 100mL，摇匀。用酒精计测量酒精度并记录。

② 糖度的测定 　将蒸馏酒精后烧瓶中的剩余液体冷却，全部倒入 100mL 量筒中，定容至 100mL。用糖度计测量糖度并记录。

③ 原麦芽汁浓度的计算

$$原麦芽汁浓度 = \frac{\varphi_{酒精} \times 2.0665 + n}{100 + \varphi_{酒精} \times 1.0665} \times 100\%$$

式中，$\varphi_{酒精}$ 为酒精含量，%（体积分数）；n 为啤酒的实际浓度，%。

④ 真正发酵度的计算

$$真正发酵度 = \frac{P - n}{P} \times 100\%$$

式中，P 为原麦芽汁浓度；n 为啤酒的实际浓度。

⑤ pH 的测定 　采用 pH 计测定啤酒的 pH 值。

五、作业与思考题

1. 菌种扩大过程中为什么要慢慢扩大，培养温度为什么要逐级下降？

2. 为什么酿造啤酒要进行后发酵处理？

实验三十九　酒酿中根霉的分离与甜酒酿的制作

一、目的要求

掌握从酒酿中分离纯化根霉的方法，进一步了解根霉的形态特征；通过甜酒酿的制作了解酿酒的基本原理。

二、基本原理

以糯米（或大米）经甜酒药发酵制成的甜酒酿，是我国的传统发酵食品。我国酿酒工业中的小曲酒和黄酒生产中的淋饭酒在某种程度上就是由甜酒酿发展而来的。

甜酒酿是将糯米经过蒸煮糊化，利用酒药中的根霉和米曲霉等微生物将原料中糊化后的淀粉糖化，将蛋白质水解成氨基酸，然后酒药中的酵母菌利用糖化产物生长繁殖，并通过醇解途径将糖转化成酒精，从而赋予甜酒酿特有的香气、风味和丰富的营养。随着发酵时间延长，甜酒酿中的糖分逐渐转化成酒精，因而糖度下降、酒度提高，故适时结束发酵是保持甜酒酿口味的关键。

三、器具材料

（1）材料　糯米，甜酒曲，马丁琼脂培养基，无菌水等。

（2）器材　高压灭菌锅，酒精灯，无菌移液管，无菌培养皿，接种环，烧杯，带盖搪瓷桶，糖度计。

四、实验步骤

1. 甜酒酿的制作

（1）清洗与浸泡　将米淘洗干净后浸泡过夜，使米粒充分吸水，以利蒸煮时米粒分散和熟透均匀。

（2）蒸煮米饭　将浸泡吸足水分的糯米捞起，放在蒸锅内搁架的纱布上隔水蒸煮，大火蒸 $20\sim25min$，至米粒已成玉色，完全熟透。

（3）米饭降温　将蒸熟的米饭从锅内取出，在室温下摊开冷却至30℃左右。

（4）接入种曲　按干糯米重量换算接种量。市售"甜酒药"每颗能酿制 $2\sim3kg$ 糯米；而安琪"甜酒曲"每包可接 $1.5\sim2kg$ 糯米。为使接种时种曲与米饭拌匀，可先将酒药块在研钵中捣碎，将其中 9/10 均匀撒在米饭上。

（5）装坛搭窝发酵　用60%糯米量的凉开水（留100mL）在桶中淋散米饭，并将米饭轻轻揿平压实，中间留一个杯子大的通气孔（称其搭窝），把余下的1/10酒药末和100mL水撒在表面上，加盖密封，置 $25\sim28$℃培养箱保温 $36\sim48h$。如果窝中液体达到90%的量说明甜酒酿已成熟取出放室温（见图4-1）。

（6）发酵成熟质量鉴定　甜酒香浓郁，酒窝体液低于表面、清澈透明，口感甜醇爽口。糖度计测定糖度接近 $40°Bx$。

2. 根霉的分离

采用稀释平板混菌法进行根霉的分离。

取酒药曲 25g 于含玻璃珠的 225mL 无菌生理盐水锥形瓶中制成孢子悬浮液，然后以10倍系列稀释法稀释，取适当稀释度的孢子悬浮液 1mL 与马丁琼脂培养基混合于无菌平皿中，在 28℃±1℃培养 3d，观察其生长情况及形态特征。根据菌落特征（呈棉絮状）和个体形态

(a) 自然发酵的酒药　　　　　　　(b) 人工接种的酒曲　　　　　　　(c) 甜酒

图 4-1　甜酒曲和甜酒酿

（有假根、匍匐菌丝、孢子囊、孢囊孢子），将其单菌落移接到新鲜斜面上，保存备用。

五、作业与思考题

1. 制作甜酒酿的关键操作是什么？

2. 酿制甜酒的酒药中主要微生物是什么？它的发酵原理是什么？

实验四十　酸奶制作及其乳酸菌活力的测定

一、实验目的

学习乳酸发酵和制作酸奶的方法；掌握乳酸菌活力测定的一般方法；了解乳酸菌在乳发酵过程中所起的作用。

二、基本原理

酸乳是发酵乳，是乳和乳制品在特征菌保加利亚杆菌、嗜热链球菌的作用下分解乳糖产酸，使牛奶中酪蛋白凝固形成酸性凝乳状制品，同时形成酸奶独特的香味。酸奶根据其组织状态可分为两大类。

（1）凝固型　牛奶等原料经消毒灭菌并冷却后，接种生产发酵剂，即装入塑杯或其他容器中，移入发酵室内保温发酵而成，其外观为乳白或微黄色的凝胶状态。这是本实验要制作的类型。

（2）搅拌型　牛奶等原料经消毒灭菌后，在较大容器内添加生产发酵剂，发酵后，再经搅拌使成糊状，并可同时加入果汁、香料、甜味剂或酸味剂，搅匀后，再装入可上市的容器内。

乳酸菌的细胞形态为杆状或球状，一般没有运动性，革兰染色阳性，微需氧、厌氧或兼性厌氧，具有独特的营养需求和代谢方式，都能发酵糖类产酸，一般在固体培养基上与氧接触也能生长。酸乳风味的形成与乳酸菌发酵过程代谢的多种物质有关，而这些物质的产生与发酵速度等活力指标有密切关系。乳酸菌的活力可由多种参数确定，如细胞生长情况，细胞干重和光密度（OD 值）等。由于乳液不透明，不能直接测 OD 值，可用氢氧化钠和乙二胺四乙酸处理使其澄清后再测。较简便的活力测定包括凝乳时间，产酸和活菌数量等指标的检测。

三、器具材料

（1）原料和菌种　新鲜全脂或脱脂牛奶，一级白砂糖；保加利亚乳杆菌（*Lactobacterium bulagricum*），嗜热链球菌（*Streptococcus thermophilus*）。

（2）培养基　MRS 固体和液体培养基，复原脱脂乳培养基。

（3）仪器设备　超净工作台，恒温培养箱，鼓风干燥箱，高压蒸汽灭菌锅，冰箱，不锈钢锅，无菌吸塑杯，无菌纸，不锈钢匙，油镜显微镜，碱式滴定仪，天平，培养皿，移液管，试管，烧杯，量筒，温度计，酒精灯，接种针，载玻片等。

四、实验步骤

（一）凝固型酸奶的制作

凝固型酸奶生产工艺流程：

原料乳→标准化→加入溶解的白糖液→过滤→预热→均质→消毒→降温接种→装瓶封口→保温发酵→入冷库后熟→抽样检验→出库销售

1. 发酵剂培养

将新鲜牛乳分装试管和锥形瓶，每管装 10mL，锥形瓶每瓶装 300mL，均塞上塞子，于 121℃灭菌 15min。

生产发酵剂培养则需采用较大容积（如不锈钢桶），可采用巴氏消毒法或超高温瞬时灭菌法杀菌。灭菌后的牛乳立即冷却待用。

将保藏的液体菌种接入无菌牛乳试管中活化，至管内牛乳凝固时，转接种于锥形瓶中（母发酵剂），接种量 1% 左右。

锥形瓶中牛乳凝固后，便可进一步扩大，接种入较大容器（如不锈钢桶）的灭菌乳中，接种量为 2%~3%，且可按乳酸链球菌：保加利亚乳杆菌为 1∶1 混合接种。

培养：乳酸链球菌用 40℃ 培养约 6~8h 至牛乳凝固即可。保加利亚乳杆菌用 42℃ 培养约 12h，至牛乳凝固即可。混合的生产发酵剂，42~43℃，约 8h，至牛乳凝固为止。

2. 原料乳质量要求及灭菌

原料乳要求新鲜，不含抗生素，产乳牛未患乳房炎。可根据产品要求在原料乳中加糖或不加糖，一般加糖量为 5%~9%。

杀菌：将牛乳与砂糖混合，在不锈钢容器中 85℃ 保温 15~20min 杀菌。在工业生产中，可采用"超高温瞬时灭菌法"进行杀菌。

3. 接种

将杀菌后的牛乳迅速降温到 38~40℃，接入发酵剂的量为原料乳的 4%~5%。

4. 装瓶，封口，发酵

接种后，立即装入灭菌吸塑杯或其他无菌容器中，加盖或用灭菌纸扎封杯（瓶）口，送培养箱或发酵室发酵，40~43℃、3~4h，直至牛乳凝固为止。

5. 酸奶冷却与后熟

将发酵好已凝固的半成品，取出稍冷却，置于 2~5℃ 的冰箱中或冷库中冷藏 6~10h，经检验合格者可食用（质量标准参照国标）。

（二）乳酸菌活力的测定

1. 菌种的分离

按照第三部分"实验三十食品中乳酸菌检验"的方法分离获得单个菌落。从培养好的固体平皿中分别挑取 5 个单菌落接种于液体 MRS 培养基中，置 40℃±1℃ 培养箱中培养。再通过镜检，确定所分离的乳酸菌是乳杆菌还是链球菌。保加利亚乳杆菌呈杆状，单杆、双杆或长丝状；嗜热链球菌呈球状，成对、短链或长链状。

2. 菌种扩大培养

按照 1% 的接种量，将 MRS 液体培养物接种于 100mL 已灭菌的脱脂乳中，另分别接种具有较高活力的保加利亚乳杆菌和嗜热链球菌做对照。培养温度保加利亚乳杆菌为 43℃，嗜热链球菌为 41℃，培养 6~8h 至乳凝固后进行菌种活力测定。

3. 测定菌种的活力

（1）观察　脱脂乳扩大培养的凝乳时间。

（2）酸度测定　用 NaOH 滴定法测定发酵乳液的滴定酸度。

（3）活菌计数　采用稀释平板分离法测定活菌数量。

五、作业与思考题

1. 酸奶发酵的原理是什么？

2. 酸奶制作过程中对奶原料有什么要求？说明理由。

3. 酸奶发酵一般采用混合发酵菌种，为什么？

4. 为什么平板分离乳酸菌后，要对菌落进行个体形态的检验？

实验四十一　酱油的酿制

一、目的要求

了解酱油制作的流程；掌握酱油生产的基本原理；掌握实验室酱油制作方法。

二、基本原理

酱油用的原料是植物性蛋白质和淀粉质。原料经蒸熟冷却，接入纯种培养的米曲霉菌种制成酱曲，酱曲移入发酵池，加盐水发酵，待酱醅成熟后，以浸出法提取酱油。制曲的目的是使米曲霉在曲料上充分生长发育，大量产生和积蓄所需要的酶，如蛋白酶、肽酶、淀粉酶、谷氨酰胺酶、果胶酶、纤维素酶、半纤维素酶等。在发酵过程中味的形成是利用这些酶的作用，如：蛋白酶及肽酶将蛋白质水解为氨基酸，产生鲜味；谷氨酰胺酶把成分中无味的谷氨酰胺变成具有鲜味的谷氨酸；淀粉酶将淀粉水解成糖，产生甜味；果胶酶、纤维素酶和半纤维素酶等能将细胞壁完全破裂，使蛋白酶和淀粉酶水解更彻底。同时，在制曲及发酵过程中，从空气中落入的酵母和细菌也进行繁殖并分泌多种酶。也可添加纯种培养的乳酸菌和酵母菌。由乳酸菌产生适量乳酸，酵母菌发酵产生乙醇，以及由原料成分、曲霉的代谢产物等所产生的醇、酸、醛、酯、酚、缩醛和呋喃酮等多种成分，虽多属微量，但却能构成酱油复杂的香气。此外，由原料蛋白质中的酪氨酸经氧化生成黑色素及淀粉经淀粉酶水解为葡萄糖与氨基酸反应生成类黑素，使酱油产生鲜艳有光泽的红褐色。发酵期间的一系列极其复杂的生物化学变化所产生的鲜味、甜味、酸味、酒香、酯香与盐水的咸味相混合，最后形成色香味和风味独特的酱油。

三、器具材料

（1）原料　黄豆或豆粕，麸皮，可溶性淀粉，磷酸二氢钾，七水硫酸镁，硫酸铵，2.5%琼脂，米曲霉（*Aspergillus oryzae*）或黑曲霉（*Aspergillus niger*）斜面菌种。

（2）仪器与设备　试管，锥形瓶，陶瓷盘，铝饭盒，塑料袋，分装器，量筒，温度计，架盘天平，水浴锅，波美计，高压锅等。

四、实验步骤

1. 锥形瓶种曲制备

（1）原料配比　麸皮：面粉：水为 80g：20g：80mL，混合均匀。

（2）装瓶与灭菌　用 300mL 锥形瓶装入厚度 1cm 左右的物料，包扎，121℃灭菌 30min。趁热摇松曲料。

（3）接种与培养　挑取斜面试管的孢子接种，摇匀，在 30℃培养 18h 后物料发白结块，进行一次扣瓶，继续培养 4h，再摇瓶一次。待物料全部长满黄绿色孢子即成熟，置冰箱备用。

2. 曲盘制备——种曲

按麸皮：面粉：水为 80：20：70 或麸皮：水为 100：（95～100）配料，常压蒸煮 1h，焖 30min，摊晾至 40℃，接入 0.5%～1%锥形瓶曲种，拌均匀，装帘 1～2cm，入种曲室，保温 28～30℃，培养 48～50h，培养管理分前、中、后三个时期。前期 16h 菌丝结块，品温上升到 34℃，翻曲一次。中期翻曲后 4～6h，温度上升到 36℃，又进行一次翻曲，盖上保湿的材料，使表面形成浅绿色孢子。后期温度不再上升，继续培养 1d，使孢子繁殖良好，全部为黄绿色，开窗通风，干燥，此时可作为酱油种曲。

种曲质量要求孢子的数量在 25 亿～30 亿个/g（湿基计），孢子发芽率在 90％以上。发芽率低或缓慢都不能使用。

3. 制曲

（1）原料配比　豆饼：麸皮为 80：20，豆饼＋麸皮：水为 1：（0.90～0.95）。

（2）原料处理　按比例称取原料拌均匀［实验室氮源一般用豆粕，若用黄豆，则经过筛选、浸泡，冬天浸 13～15h，夏天浸 8～9h，再经高压蒸煮（0.5MPa，3min），降温至 35～40℃］，静置润水约 30min，然后分装于容器内，放入高压灭菌锅中 121℃灭菌 30min，出锅后将容器中的原料倒入曲盘中散开并迅速冷却。

（3）接种培养　按照种曲制作方法采用曲盘培养，待曲盘物料孢子颜色为刚转为黄绿色时，即可出曲，浅盘制曲培养时间一般控制在 32～36h 即可。

4. 制醅发酵

（1）盐水的配制及用量计算　固态低盐发酵配制 12～13°Bé 盐水，盐水用量为制曲原料的 120％～150％，一般要求酱醅含水量为 50％。称取食盐 13～15g，溶于 100mL 水中，即可制得 12～13°Bé 热盐水，加热至 55～60℃备用。制醅时盐水用量计算：

$$盐水量 = \frac{曲重 \times [酱醅要求水分(\%) - 曲的水分(\%)]}{[1 - 氯化钠(\%)] - 酱醅要求水分(\%)} \times 100$$

（2）制醅　将酱坯中加入 12～13°Bé 热盐水，用量为酱坯总料量的 45％成为酱醅，使酱醅含水 45％～48％，拌匀后装入容器中。

（3）发酵　接种培养好的酵母菌，用量为酱醅的 10％，将容器密封进行保温发酵，前 7d 为 38℃，后 5～7d 为 42℃。保温发酵次日需浇淋一次，以后每隔 4～5d，再浇淋一次。共需浇淋 3～4 次。浇淋就是将发酵液取出淋在酱醅表面。发酵时间约为 14～15d。

5. 淋油

将成熟酱醅中加入原料总重量 500％的沸水，置于 60～70℃水浴中，浸出 15h 左右，放出得头油，再加入 500％的沸水于 60～70℃水浴中浸出约 4h，放出得二油。

6. 配制成品

将产品加热至 70～80℃，维持 30min，可灭菌消毒，为了满足不同地域消费者的口味，可在酱油中加入助鲜剂、甜味料、增色剂等进行调配。

7. 成品检验

（1）感官检查　色泽、体态、香气、滋味。

（2）理化检验　氨基氮、食盐、总酸、全氮。

（3）微生物检验　菌落总数和大肠菌群。

五、作业与思考题

1. 简要总结酱油生产原理及制作工艺。

2. 酱油的酿制过程中制曲的作用是什么？

3. 酱油的检测项目有哪几项，如何检测？

4. 除本法外，还有哪些酿造酱油的方法？

实验四十二　醋酸发酵

一、目的要求

了解食醋酿制的基本原理及麸曲醋的主要工艺；掌握麸曲醋糖化曲种的制作及简易酿醋技术。

二、基本原理

食醋是我国传统的酸性调味品，酿制工艺多样，产品各具特色。固态发酵制醋是我国食醋的传统生产方法。其基本原理是以淀粉质为原料，经加热糊化，再经曲霉菌（糖化曲）的糖化过程，酵母菌的酒精发酵（酒化），最后由醋酸细菌将酒精氧化为醋酸（醋化）而成。成品总酸含量最低在 4.5％以上（以醋酸计），除主要成分醋酸外，还含有其他有机酸、糖、醇、醛、酮、酯、酚及各种氨基酸，所以是色、香、味、体俱佳的酸性调味品。

固态发酵制醋根据原料、用曲种类、操作方法和产品风味可分为：大曲醋、小曲醋和麦曲醋。麸曲醋的工艺是目前食醋生产中最普遍的方法。

三、器具材料

（1）菌种和主要原料　甘薯曲霉（*Aspergillus batatae*，编号 AS$_{3.324}$），啤酒酵母：K氏酵母（*Saccharomyces cerevisiae* K），醋酸杆菌（*Acetobacter*）：沪酿 1.01 或中科 1.41（*A. rancensa* var. *rbndans*）的斜面菌种；玉米糁，麸皮，谷糠。

（2）培养基　醋酸菌斜面培养基（中科 1.41，沪酿 1.01），醋酸菌种子培养基，马铃薯葡萄糖琼脂斜面培养基，豆芽汁蔗糖琼脂培养基。

（3）器材　锥形瓶（或罐头瓶），曲盘，发酵缸，接种针等。

四、操作步骤

1. 种曲制备

（1）麸曲制备　麸曲是麸曲醋生产的糖化剂，制备流程如下：

试管菌种培养→锥形瓶扩大培养→麸曲生产

① 试管斜面培养（一级种）　取马铃薯蔗糖琼脂斜面培养基 1 支，用接种环接入AS$_{3.324}$甘薯曲霉孢子少许，置 30℃下培养 3d，待长满黑褐色孢子后取出，4℃冰箱保存，备用。

② 锥形瓶（或罐头瓶）扩大培养（二级种）　称取麸皮 100g，混匀后加水 90～100mL，充分拌匀，扩大培养方法参照酱油纯种锥形瓶扩大培养进行。

③ 曲盘培养（三级种）即生产用曲种　其制备程序如下：

$$\text{AS}_{3.324}\text{斜面菌种→锥形瓶曲种}$$
$$\downarrow$$
谷糠、麸皮、水→拌匀→蒸料→摊晾→接种→堆积→装盘→入曲室培养→种曲

a. 配料。麸皮 100g，掺入谷糠 15～20g，加水约为 110～115g，充分拌匀，适当焖料，要求含水量为 56％～58％。高温季节生产时，可添加占原料量 0.3％的冰醋酸，能抑制杂菌污染。

b. 蒸料。常压蒸料 1h，蒸透而不黏，熟料出锅需过筛疏松，冷却。待料温降至 40℃左右时，接入锥形瓶曲种，接种量按干料量 0.2％～0.3％，拌和均匀。接种后先堆积成丘状，高 30～40cm，盖上灭菌布，在室温 28℃下使品温保持 30～31℃，约 6～8h 后，品温上升至

35℃左右时，可翻拌一次，促进孢子的萌发，并转入曲盘或竹帘、竹匾内，厚度约 1.5～2cm，室温控制在 28～30℃，品温在 35℃左右，孢子迅速萌发。培养 16h 后，菌丝生长旺盛、曲料变白，需进行翻曲（划成 2 寸❶见方小块，将曲块从盒底树立以便底部菌丝生长）和倒换曲盘上下位置以控制品温（勿超 40℃），并于室内喷水，保持相对湿度在 90％为宜（用干湿球温度计测定）。经 36～48h，品温开始下降，孢子开始出现，此时需开窗通风换气，促进曲子成熟。制曲全程约 70h。成熟后，置阴凉处保存。

制成种曲应是鲜黄绿色，孢子旺盛每克种曲孢子数为 25 亿～30 亿个以上，具有种曲特有的曲香，无其他杂菌或异色，无夹心，新鲜种曲发芽率应在 90％以上。

小型酿醋厂种曲的制作能满足生产需求时，就可直接作为生产用种，若不够，则用种曲再按此方法进行扩大培养。

（2）酒母制备　制作程序如下：

试管菌种→小锥形瓶培养（24h）→大锥形瓶培养（18～20h）→罐培养酒母（10～12h）

酒母制备方法与啤酒酵母制备方法基本一致，只是在扩大培养的温度一般保持为 26～28℃。

（3）醋酸菌培养　培养程序如下：

试管菌种→锥形瓶培养→大缸固态培养

① 试管斜面培养（一级种）　取醋酸菌斜面培养基 1 支，用接种环接入醋酸菌体少许，置 30℃±1℃温度下培养 48h。置 4℃冰箱保存，一月换种一次。

② 锥形瓶扩大培养（二级种）

a. 培养基准备。酵母膏 1％、葡萄糖 0.3％、水 100mL，装入 1000mL 锥形瓶中，每瓶 100mL，加棉塞，也可用 6°Bé 米曲汁 100mL 替代，98kPa 灭菌 30min。取出冷却后，以无菌操作法加入 4％的 95％酒精。

b. 接种、培养。接入试管斜面菌种，每支斜面接 2～3 瓶，摇匀，于 30℃温度下培养 5～7d。当液面生有菌膜，嗅之有醋酸气味即成熟，此时醋酸含量达 1.5～2g/100mL。

③ 大缸固态育种　酿醋生产所用醋酸菌育种大缸，设有假底并开洞加塞。将含有 8％酒精的醋醪放入育种缸中，按醋醪的 2％～3％接种量接入锥形瓶纯种，盖好缸口。使醋酸菌在醪内生长。待 1～2d 后品温升高约 38℃时，采用回流法降温（即将醋汁由缸底孔中放出再回浇淋在醪面上），控制品温不高于 38℃，待发酵至醋酸含量在 4％，即可作为生产用醋酸菌种。此法培养中要防止杂菌污染，若发现醋醪有白花现象或其他异味，应进行镜检。杂菌污染严重则不能用于生产用种。

2. 麸曲醋酿制

（1）原料配比（质量份）

碎米（或玉米或薯干）∶酒母∶细谷糠∶粗谷糠为 100∶40∶175∶50。

蒸料前加水∶麸曲∶食盐∶蒸料后加水∶醋母为 275∶50∶（3.75～7.5）∶125∶50。

（2）原料处理及蒸料　淀粉质原料去杂，粉碎，与细谷糠拌匀，按量加水，使原料吸水均匀。上笼，常压蒸料 1h，焖料 1h，出锅，摊晾，过筛去团粒，降温至 30～40℃，第二次撒入冷水，翻拌均匀，摊开。熟料含水量为 60％左右。

---

❶ 1 寸＝3.33cm。

（3）淀粉糖化与酒化　按量接入麸曲与酒母，翻拌均匀入缸。加无毒塑料膜盖缸，在室温 20℃以上培养。当品温上升到 36～38℃，倒醅于另一空缸中。若再次升温到 38℃时，进行第二次倒醅，待发酵 5～6d 品温降至 33℃，表明糖化和酒精发酵结束。此时醋醅内酒精含量为 8％左右。

（4）醋酸发酵　酒精发酵结束后，按量加入清蒸后的粗谷糠（大米壳）和醋母混拌均匀（若按装缸量计，150kg 料醅加粗谷糠 10kg、醋母 8kg）。发酵时品温在 2～3d 后升高，控温在 39～41℃，室温以 25～30℃为宜。每天倒缸 1～2 次，使醋醅松散通氧，经 12～15d 后品温下降，至 36℃以下，醋酸含量达 7％～7.5％时，发酵结束。

（5）加盐及后熟　为抑制醋酸菌生活消耗醋酸。需按醋醅量的 1.5％～2％加入食盐，加盐方法是用盐量的一半混匀在上半缸醋醅内，并移入另一空缸，24h 后，将余留的盐拌入余留的醋醅混匀后转入上半缸内，加盖后置室温下 2d 使其后熟，以增色增香。

（6）淋醋　淋缸三循环法与酱油的淋油相似。用假底的淋缸或淋池，移入醋醅，加水常温浸泡 20～24h，开淋。先后淋 3 次，弃渣。

（7）陈酿　将制好的醋液或醋醅置 20℃左右的室温下 1 月至数月，可提高醋的品质、风味及色泽。醋醅陈酿淋出的醋为陈醋。

（8）灭菌　加热至 85～90℃，30～40min，即巴氏灭菌。加热过程中不断搅动，使受热均匀。

（9）成品分装　灭菌后，在含酸量低于 5％的醋液中加入 0.1％苯甲酸钠防腐剂，以免变质。含酸量高者可直接装瓶或供食用。

一般含酸量在 5％的醋液，100kg 原料可出成品醋 700kg。含酸量高，产量相应减少。

五、作业与思考题

1. 记录麸曲醋的麸曲制备与酿制过程。

2. 酿醋中的主要微生物及其作用是什么？

3. 提高原料出醋率的技术关键有几点？

附　录

附录一　实验常用培养基及制备

1. 营养琼脂

蛋白胨 10.0g，牛肉膏 3.0g，氯化钠 5.0g，琼脂 15.0～20.0g，蒸馏水 1000mL。

将除琼脂以外的各成分溶解于蒸馏水内，加入 15％氢氧化钠溶液约 2mL，校正 pH 至 7.2～7.4。加入琼脂，加热煮沸，使琼脂溶化。分装烧瓶或 13mm×130mm 试管，121℃高压灭菌 15min。

2. 营养肉汤

蛋白胨 10.0g，牛肉膏 3.0g，氯化钠 5.0g，蒸馏水 1000mL，pH7.4。将上述成分混合，溶解后校正 pH，121℃高压灭菌 15min。

3. 平板计数琼脂

胰蛋白胨 5.0g，酵母浸膏 2.5g，葡萄糖 1.0g，琼脂 15.0g，蒸馏水 1000mL，pH7.0± 0.2。将上述成分加于蒸馏水中，煮沸溶解，调节 pH。分装试管或锥形瓶，121℃高压灭菌 15min。

4. 马铃薯-葡萄糖-抗生素琼脂（PDA）

马铃薯（去皮切块）300g，葡萄糖 20.0g，琼脂 20.0g，氯霉素 0.1g，蒸馏水 1000mL。

将马铃薯去皮切块，加 1000mL 蒸馏水，煮沸 10～20min。用纱布过滤，补加蒸馏水至 1000mL。加入葡萄糖和琼脂，加热溶化，分装后，121℃灭菌 20min。倾注平板前，用少量乙醇溶解氯霉素加入培养基中。分装灭菌后可用于食品中霉菌和酵母菌计数、分离。

5. 孟加拉红培养基

蛋白胨 5.0g，葡萄糖 10.0g，磷酸二氢钾 1.0g，无水硫酸镁 0.5g，琼脂 20.0g，孟加拉红 0.033g，氯霉素 0.1g，蒸馏水 1000mL。上述各成分加入蒸馏水中，加热溶化，补足蒸馏水至 1000mL，分装后，121℃灭菌 20min。倾注平板前，用少量乙醇溶解氯霉素加入培养基中。

6. 高氏Ⅰ号琼脂培养基

可溶性淀粉 20.0g，磷酸氢二钾 0.5g，七水硫酸镁 0.5g，硝酸钾 1.0g，氯化钠 0.5g，硫酸亚铁 0.01g，琼脂 20.0g，蒸馏水 1000mL，pH7.6～7.8。配制时，先用少量蒸馏水将可溶性淀粉调成糊状，在沸水浴中煮溶，再溶入其他成分，补足水量。灭菌后加入 250mg/L 重铬酸钾。

7. 察氏液体培养基

硝酸钠 3.0g，磷酸氢二钾 1.0g，氯化钾 0.5g，硫酸镁 0.5g，硫酸亚铁 0.01g，蔗糖 20.0g，蒸馏水 1000mL。将上述成分按顺序溶解后，加入琼脂加热溶化。分装 15mm×150mm 试管中，加压灭菌后备用。

8. 麦氏琼脂培养基

葡萄糖 1.0g，氯化钾 1.8g，酵母浸膏 2.5g，醋酸钠 8.2g，琼脂 15～20g，蒸馏水 1000mL。110℃灭菌 30min。

9. 麦芽汁琼脂培养基

麦芽汁 150mL，琼脂 3.0g，pH 自然（约 6.4）。121℃灭菌 20min。

10. LB 液体培养基

胰蛋白胨 10.0g，酵母提取物 5.0g，氯化钠 10.0g，水 1000mL，pH7.0。121℃灭菌 20min。

11. 月桂基硫酸盐胰蛋白胨（LST）肉汤

胰蛋白胨或胰酪胨 20.0g，氯化钠 5.0g，乳糖 5.0g，磷酸氢二钾 2.75g，磷酸二氢钾 2.75g，月桂基硫酸钠 0.1g，蒸馏水 1000mL，pH6.8±0.2。将上述成分溶解于蒸馏水中，调节 pH。分装到有玻璃小倒管的试管中，每管 10mL。121℃高压灭菌 15min。

12. 煌绿乳糖胆盐（BGLB）肉汤

蛋白胨 10.0g，乳糖 10.0g，牛胆粉溶液 200mL，0.1%煌绿水溶液 13.3mL，蒸馏水 800mL，pH7.2±0.1。将蛋白胨、乳糖溶于约 500mL 蒸馏水中，加入牛胆粉溶液 200mL（将 20.0g 脱水牛胆粉溶于 200mL 蒸馏水中，调节 pH 至 7.0～7.5），用蒸馏水稀释到 975mL，调节 pH，再加入 0.1%煌绿水溶液 13.3mL，用蒸馏水补足到 1000mL，用棉花过滤后，分装到有玻璃小倒管的试管中，每管 10mL。121℃高压灭菌 15min。

13. 结晶紫中性红胆盐琼脂（VRBA）

蛋白胨 7.0g，酵母膏 3.0g，乳糖 10.0g，氯化钠 5.0g，胆盐或 3 号胆盐 1.5g，中性红 0.03g，结晶紫 0.002g，琼脂 15～18g，蒸馏水 1000mL，pH7.4±0.1。将上述成分溶于蒸馏水中，静置几分钟，充分搅拌，调节 pH。煮沸 2min，将培养基冷却至 45～50℃倾注平板。使用前临时制备，不得超过 3h。

14. 乳糖蛋白胨培养液

蛋白胨 10.0g，牛肉膏 3.0g，乳糖 5.0g，氯化钠 5.0g，0.16%溴甲酚紫乙醇溶液 1mL，蒸馏水 1000mL，pH7.4。将蛋白胨、牛肉膏、乳糖及氯化钠溶于水中，校正 pH，加入指示剂，分装每管 10mL 并放入一个小导管，115℃高压灭菌 20min。

双料乳糖蛋白胨培养液，按上述乳糖蛋白胨培养液除蒸馏水外，其他成分加倍。

15. 伊红美蓝琼脂

蛋白胨 10.0g，乳糖 10.0g，磷酸氢二钾 2.0g，琼脂 20.0g，2%伊红溶液 20mL，0.5%美蓝溶液 13mL，蒸馏水 1000mL，pH7.2。将蛋白胨、磷酸盐和琼脂溶解于蒸馏水中，校正 pH，加入乳糖，分装，115℃高压灭菌 20min 备用。临用时加入加热熔化琼脂，冷却至 50～55℃，加入伊红和美蓝溶液，摇匀，倾注平板。

16. MRS 培养基

蛋白胨 10.0g，牛肉粉 5.0g，酵母粉 4.0g，葡萄糖 20.0g，吐温 80 1.0mL，磷酸氢二钾 2.0g，三水乙酸钠 5.0g，柠檬酸三铵 2.0g，七水硫酸镁 0.2g，七水硫酸锰 0.05g，琼脂粉 15.0g，蒸馏水 1000mL。

将上述成分加入蒸馏水中，加热溶解，校正 pH6.2，分装后 121℃高压灭菌15～20min。

17. 莫匹罗星锂盐（Li-Mupirocin）改良 MRS 培养基

莫匹罗星锂盐（Li-Mupirocin）贮备液制备：称取 50mg 莫匹罗星锂盐（Li-Mupirocin）加入到 50mL 蒸馏水中，用 0.22μm 微孔滤膜过滤除菌。临用时加热熔化琼脂，在水浴中冷至 48℃，用带有 0.22μm 微孔滤膜的注射器将莫匹罗星锂盐（Li-Mupirocin）贮备液加入到熔化琼脂中，使培养基中莫匹罗星锂盐（Li-Mupirocin）的浓度为 50μg/mL。

18. MC 培养基

大豆蛋白胨 5.0g，牛肉粉 3.0g，酵母粉 3.0g，葡萄糖 20.0g，乳糖 20.0g，碳酸钙 10.0g，琼脂 15.0g，蒸馏水 1000mL，1%中性红溶液 5.0mL。将前面 7 种成分加入蒸馏水中，加热溶解，校正 pH6.0，加入中性红溶液。分装后 121℃高压灭菌 15～20min。

19. 缓冲蛋白胨水（BPW）

蛋白胨 10.0g，氯化钠 5.0g，十二水磷酸氢二钠 9.0g，磷酸二氢钾 1.5g，蒸馏水 1000mL，pH7.2±0.2。将各成分加入蒸馏水中，搅混均匀，静置约 10min，煮沸溶解，调节 pH，121℃高压灭菌 15min。

20. 四硫磺酸钠煌绿（TTB）增菌液

基础液 900mL，硫代硫酸钠溶液 100mL，碘溶液 20.0mL，煌绿水溶液 2.0mL，牛胆盐溶液 50.0mL。临用前，按上列顺序，以无菌操作依次加入基础液中，每加入一种成分，均应摇匀后再加入另一种成分。

基础液：蛋白胨 10.0g，牛肉膏 5.0g，氯化钠 3.0g，碳酸钙 45.0g，蒸馏水 1000mL，pH7.0±0.2。除碳酸钙外，将各成分加入蒸馏水中，煮沸溶解，再加入碳酸钙，调节 pH，121℃高压灭菌 20min。

硫代硫酸钠溶液：五水硫代硫酸钠 50.0g，蒸馏水加至 100mL。121℃高压灭菌 20min。

碘溶液：碘片 20.0g，碘化钾 25.0g，蒸馏水加至 100mL。将碘化钾充分溶解于少量的蒸馏水中，再投入碘片，振摇玻瓶至碘片全部溶解为止，然后加蒸馏水至规定的总量，贮存于棕色瓶内，塞紧瓶盖备用。

0.5%煌绿水溶液：煌绿 0.5g，蒸馏水 100mL。溶解后，存放暗处，不少于 1d，使其自然灭菌。

牛胆盐溶液：牛胆盐 10.0g，蒸馏水 100mL。加热煮沸至完全溶解，121℃高压灭菌 20min。

21. DHL 琼脂培养基

蛋白胨 20.0g，牛肉膏 3.0g，乳糖 10.0g，蔗糖 10.0g，去氧胆酸钠 1.0g，硫代硫酸钠 2.3g，柠檬酸钠 1.0g，柠檬酸铁铵 1.0g，中性红 0.03g，琼脂 20.0g，蒸馏水 1000mL，pH7.3。

制法：除中性红和琼脂外，将其他成分溶解于 400mL 蒸馏水中，校正 pH 值。再将琼脂溶于 600mL 蒸馏水中，两液合并，加 0.5%中性红水溶液 6mL，待冷至 50～55℃，倾注平板。

22. 亚硒酸盐胱氨酸（SC）增菌液

蛋白胨 5.0g，乳糖 4.0g，磷酸氢二钠 10.0g，亚硒酸氢钠 4.0g，L-胱氨酸 0.01g，蒸馏水 1000mL，pH7.0±0.2。除亚硒酸氢钠和 L-胱氨酸外，将各成分加入蒸馏水中，煮沸溶解，冷至55℃以下，以无菌操作加入亚硒酸氢钠和1g/L L-胱氨酸溶液10mL（称取0.1g L-胱氨酸，加1mol/L氢氧化钠溶液15mL，使溶解，再加无菌蒸馏水至100mL即成，如为DL-胱氨酸，用量应加倍）。摇匀，调节pH。

23. 亚硫酸铋（BS）琼脂

蛋白胨10.0g，牛肉膏5.0g，葡萄糖5.0g，硫酸亚铁0.3g，磷酸氢二钠4.0g，煌绿0.025g或5.0g/L水溶液5.0mL，柠檬酸铋铵2.0g，亚硫酸钠6.0g，琼脂18.0～20g，蒸馏水1000mL，pH7.5±0.2。将前三种成分加入300mL蒸馏水（制作基础液），硫酸亚铁和磷酸氢二钠分别加入20mL和30mL蒸馏水中，柠檬酸铋铵和亚硫酸钠分别加入另一20mL和30mL蒸馏水中，琼脂加入600mL蒸馏水中。然后分别搅拌均匀，煮沸溶解。冷至80℃左右时，先将硫酸亚铁和磷酸氢二钠混匀，倒入基础液中，混匀。将柠檬酸铋铵和亚硫酸钠混匀，倒入基础液中，再混匀。调节pH，随即倾入琼脂液中，混合均匀，冷至50～55℃。加入煌绿溶液，充分混匀后立即倾注平皿。

> 注：本培养基不需要高压灭菌，在制备过程中不宜过分加热，避免降低其选择性，贮于室温暗处，超过48h会降低其选择性，本培养基宜于当天制备，第二天使用。

24. HE琼脂

蛋白胨12.0g，牛肉膏3.0g，乳糖12.0g，蔗糖12.0g，水杨素2.0g，胆盐20.0g，氯化钠5.0g，琼脂18.0～20.0g，蒸馏水1000mL，0.4%溴麝香草酚蓝溶液16.0mL，Andrade指示剂20.0mL，甲液20.0mL，乙液20.0mL，pH7.5±0.2。

将前面七种成分溶解于400mL蒸馏水内作为基础液；将琼脂加于600mL蒸馏水内。然后分别搅拌均匀，煮沸溶解。加入甲液和乙液于基础液内，调节pH。再加入指示剂，并与琼脂液合并，待冷至50～55℃倾注平皿。

> 注：1. 本培养基不需要高压灭菌，在制备过程中不宜过分加热，避免降低其选择性。
> 2. 甲液的配制：硫代硫酸钠34.0g，柠檬酸铁铵4.0g，蒸馏水100mL。
> 3. 乙液的配制：去氧胆酸钠10.0g，蒸馏水100mL。
> 4. Andrade指示剂：酸性复红0.5g，1mol/L氢氧化钠溶液16.0mL，蒸馏水100mL；将复红溶解于蒸馏水中，加入氢氧化钠溶液。数小时后如复红褪色不全，再加氢氧化钠溶液1～2mL。

25. 木糖赖氨酸脱氧胆盐（XLD）琼脂

酵母膏3.0g，L-赖氨酸5.0g，木糖3.75g，乳糖7.5g，蔗糖7.5g，去氧胆酸钠2.5g，柠檬酸铁铵0.8g，硫代硫酸钠6.8g，氯化钠5.0g，琼脂15.0g，酚红0.08g，蒸馏水1000mL，pH 7.4±0.2。

除酚红和琼脂外，将其他成分加入400mL蒸馏水中，煮沸溶解，调节pH。另将琼脂加入600mL蒸馏水中，煮沸溶解。将上述两溶液混合均匀后，再加入指示剂，待冷至50～55℃倾注平皿。

> 注：本培养基不需要高压灭菌，在制备过程中不宜过分加热，避免降低其选择性，贮于室温暗处。本培养基宜于当天制备，第二天使用。

26. 三糖铁（TSI）琼脂

蛋白胨20.0g，牛肉膏5.0g，乳糖10.0g，蔗糖10.0g，葡萄糖1.0g，六水硫酸亚铁铵0.2g，酚红0.025g或5.0g/L溶液5.0mL，氯化钠5.0g，硫代硫酸钠0.2g，琼脂12.0g，蒸馏水1000mL，pH7.4±0.2。

除酚红和琼脂外，将其他成分加入400mL蒸馏水中，煮沸溶解，调节pH。另将琼脂加入 600mL 蒸馏水中，煮沸溶解。将上述两溶液混合均匀后，再加入指示剂，混匀，分装试管，每管约 2～4mL，121℃高压灭菌 10min 或 115℃ 15min，灭菌后制成高层斜面，呈橘红色。

27. 蛋白胨水、靛基质试剂

（1）蛋白胨水　蛋白胨（或胰蛋白胨）20.0g，氯化钠 5.0g，蒸馏水 1000mL，pH7.4±0.2。

将上述成分加入蒸馏水中，煮沸溶解，调节 pH，分装小试管，121℃高压灭菌 15min。

（2）靛基质试剂

柯凡克试剂（吲哚试剂）：将 5g 对二甲氨基甲醛溶解于 75mL 戊醇中，然后缓慢加入浓盐酸 25mL。

欧-波试剂：将 1g 对二甲氨基苯甲醛溶解于 95mL 95％乙醇中，然后缓慢加入浓盐酸 20mL。

挑取小量培养物接种，在 36℃±1℃培养 1～2d，必要时可培养 4～5d。加入柯凡克试剂约 0.5mL，轻摇试管，阳性者于试剂层呈深红色；或加入欧-波试剂约 0.5mL，沿管壁流下，覆盖于培养液表面，阳性者于液面接触处呈玫瑰红色。

> 注：蛋白胨中应含有丰富的色氨酸。每批蛋白胨买来后，应先用已知菌种鉴定后方可使用。

28. 尿素琼脂

蛋白胨 1.0g，氯化钠 5.0g，葡萄糖 1.0g，磷酸二氢钾 2.0g，0.4％酚红 3.0mL，琼脂 20.0g，蒸馏水 1000mL，20％尿素溶液 100mL，pH7.2±0.2。

除尿素、琼脂和酚红外，将其他成分加入 400mL 蒸馏水中，煮沸溶解，调节 pH。另将琼脂加入 600mL 蒸馏水中，煮沸溶解。将上述两溶液混合均匀后，再加入指示剂后分装，121℃高压灭菌 15min。冷至 50～55℃，加入经除菌过滤的尿素溶液。尿素的最终浓度为 2％。分装于无菌试管内，放成斜面备用。挑取琼脂培养物接种，在 36℃±1℃培养 24h，观察结果。尿素酶阳性者由于产碱而使培养基变为红色。

29. 氰化钾培养基

蛋白胨 10.0g，氯化钠 5.0g，磷酸二氢钾 0.225g，磷酸氢二钠 5.64g，蒸馏水 1000mL，0.5％氰化钾 20.0mL。

将除氰化钾以外的成分加入蒸馏水中，煮沸溶解，分装后 121℃高压灭菌 15min。放在冰箱内使其充分冷却。每 100mL 培养基加入 0.5％氰化钾溶液 2.0mL（最后浓度为 1∶10000），分装于无菌试管内，每管约 4mL，立刻用无菌橡皮塞塞紧，放在 4℃冰箱内，至少可保存两个月。同时，将不加氰化钾的培养基作为对照培养基，分装试管备用。

将琼脂培养物接种于蛋白胨水内成为稀释菌液，挑取 1 环接种于氰化钾（KCN）培养基。并另挑取 1 环接种于对照培养基。在 36℃±1℃培养 1～2d，观察结果。如有细菌生长即为阳性（不抑制），经 2d 细菌不生长为阴性（抑制）。

> 注：氰化钾是剧毒药，使用时应小心，切勿沾染，以免中毒。夏天分装培养基应在冰箱内进行。试验失败的主要原因是封口不严，氰化钾逐渐分解，产生氢氰酸气体逸出，以致药物浓度降低，细菌生长，因而造成假阳性反应。试验时对每一环节都要特别注意。

30. 赖氨酸脱羧酶试验培养基

蛋白胨 5.0g，酵母浸膏 3.0g，葡萄糖 1.0g，蒸馏水 1000mL，1.6％溴甲酚紫-乙醇溶液 1.0mL，L-赖氨酸或 DL-赖氨酸 0.5g/100mL 或 1.0g/100mL，pH6.8±0.2。

除赖氨酸以外的成分加热溶解后，分装每瓶 100mL，分别加入赖氨酸。L-赖氨酸按 0.5％加入，DL-赖氨酸按 1％加入。调节 pH。对照培养基不加赖氨酸。分装于无菌的小试管内，每管 0.5mL，上面滴加一层液体石蜡，115℃高压灭菌 10min。

从琼脂斜面上挑取培养物接种，于 36℃±1℃培养 18～24h，观察结果。氨基酸脱羧酶阳性者由于产碱，培养基应呈紫色。阴性者无碱性产物，但因葡萄糖产酸而使培养基变为黄色。对照管应为黄色。

31. 糖发酵培养基

牛肉膏 5.0g，蛋白胨 10.0g，氯化钠 3.0g，十二水磷酸氢二钠 2.0g，0.2％溴麝香草酚蓝溶液 12.0mL，蒸馏水 1000mL，pH7.4±0.2。

葡萄糖发酵管按上述成分配好后，调节 pH。按 0.5％加入葡萄糖，分装于有一个倒置小管的小试管内，121℃高压灭菌 15min。其他各种糖发酵管可按上述成分配好后，分装每瓶 100mL，121℃高压灭菌 15min。另将各种糖类分别配成 10％溶液，同时高压灭菌。将 5mL 糖溶液加入于 100mL 培养基内，以无菌操作分装小试管。

> 注：蔗糖不纯，加热后会自行水解者，应采用过滤法除菌。

试验方法：从琼脂斜面上挑取小量培养物接种，于 36℃±1℃培养，一般 2～3d。迟缓反应需观察 14～30d。

32. β-半乳糖苷（ONPG）酶培养基

液体法（ONPG 法）：邻硝基苯 β-D-半乳糖苷（ONPG）60.0mg，0.01mol/L 磷酸钠缓冲液（pH7.5±0.2）10.0mL，1％蛋白胨水（pH7.5±0.2）30.0mL。将 ONPG 溶于缓冲液内，加入蛋白胨水，以过滤法除菌，分装于 10mm×75mm 试管内，每管 0.5mL，用橡皮塞塞紧。

自琼脂斜面挑取培养物一满环接种，于 36℃±1℃培养 1～3h 和 24h 观察结果。如果 β-D-半乳糖苷酶产生，则于 1～3h 变黄色，如无此酶则 24h 不变色。

平板法（X-Gal 法）：蛋白胨 20.0g，氯化钠 3.0g，5-溴-4-氯-3-吲哚-β-D-半乳糖苷（X-Gal）200.0mg，琼脂 15.0g，蒸馏水 1000mL。

将各成分加热煮沸于 1L 水中，冷却至 25℃左右校正 pH 至 7.2±0.2，115℃高压灭菌 10min。倾注平板避光冷藏备用。

挑取琼脂斜面培养物接种于平板，划线和点种均可，于 36℃±1℃培养 18～24h 观察结果。如果 β-D-半乳糖苷酶产生，则平板上培养物颜色变蓝色，如无此酶则培养物为无色或不透明色，培养 48～72h 后有部分转为淡粉红色。

33. 半固体琼脂

牛肉膏 3.0g，蛋白胨 10.0g，氯化钠 5.0g，琼脂 3.5～4.0g，蒸馏水 1000mL，pH7.4±0.2。

按以上成分配好，煮沸溶解，调节 pH。分装小试管。121℃高压灭菌 15min。直立凝固备用。

> 注：供动力观察、菌种保存、H 抗原位相变异试验等用。

34. 丙二酸钠培养基

酵母浸膏 1.0g，硫酸铵 2.0g，磷酸氢二钾 6.0g，磷酸二氢钾 0.4g，氯化钠 2.0g，丙二酸钠 3.0g，0.2％溴麝香草酚蓝溶液 12.0mL，蒸馏水 1000mL，pH6.8±0.2。

除指示剂以外的成分溶解于水，调节 pH，再加入指示剂，分装试管，121℃高压灭菌 15min。

用新鲜的琼脂培养物接种，于 36℃±1℃培养 48h，观察结果。阳性者由绿色变为蓝色。

35. 10％氯化钠胰酪胨大豆肉汤

胰酪胨（或胰蛋白胨）17.0g，植物蛋白胨（或大豆蛋白胨）3.0g，氯化钠 100.0g，磷酸氢二钾 2.5g，丙酮酸钠 10.0g，葡萄糖 2.5g，蒸馏水 1000mL，pH7.3±0.2。

将上述成分混合，加热，轻轻搅拌并溶解，调节 pH，分装，每瓶 225mL，121℃高压灭菌 15min。

36. 7.5％氯化钠肉汤

蛋白胨 10.0g，牛肉膏 5.0g，氯化钠 75.0g，蒸馏水 1000mL，pH7.4。

将上述成分加热溶解，调节 pH，分装，每瓶 225mL，121℃高压灭菌 15min。

37. 血琼脂平板

豆粉琼脂（pH7.4～7.6）100mL，脱纤维羊血（或兔血）5～10mL，加热熔化琼脂，冷却至 50℃，以无菌操作加入脱纤维羊血，摇匀，倾注平板。

38. Baird-Parker 琼脂平板

胰蛋白胨 10.0g，牛肉膏 5.0g，酵母膏 1.0g，丙酮酸钠 10.0g，甘氨酸 12.0g，六水氯化锂 5.0g，琼脂 20.0g，蒸馏水 950mL，pH7.0±0.2。

增菌剂的配法：30％卵黄盐水 50mL 与经过过滤除菌的 1％亚碲酸钾溶液 10mL 混合，保存于冰箱内。

将各成分加到蒸馏水中，加热煮沸至完全溶解，调节 pH。分装每瓶 95mL，121℃高压灭菌 15min。临用时加热熔化琼脂，冷至 50℃，每 95mL 加入预热至 50℃的卵黄亚碲酸钾增菌剂 5mL，摇匀后倾注平板。培养基应是致密不透明的。使用前在冰箱贮存不得超过 48h。

39. 脑心浸出液肉汤（BHI）

胰蛋白质胨 10.0g，氯化钠 5.0g，十二水磷酸氢二钠 2.5g，葡萄糖 2.0g，牛心浸出液 500mL，pH7.4±0.2。

加热溶解，调节 pH，分装 16mm×160mm 试管，每管 5mL，置 121℃灭菌 15min。

40. 兔血浆

取柠檬酸钠 3.8g，加蒸馏水 100mL，溶解后过滤，装瓶，121℃高压灭菌 15min。兔血浆制备：取 3.8％柠檬酸钠溶液一份，加兔全血四份，混好静置（或以 3000r/min 离心 30min），使血液细胞下降，即可得血浆。

41. 志贺菌增菌肉汤-新生霉素

志贺菌增菌肉汤：胰蛋白胨 20.0g，葡萄糖 1.0g，磷酸氢二钾 2.0g，磷酸二氢钾 2.0g，氯化钠 5.0g，吐温 80（Tween 80）1.5mL，蒸馏水 1000mL。将以上成分混合加热溶解，冷却至 25℃左右校正 pH 至 7.0±0.2，分装适当的容器，121℃灭菌 15min。取出后冷却至 50～55℃，加入除菌过滤的新生霉素溶液（0.5μg/mL），分装 225mL 备用。

注：如不立即使用，在 2～8℃条件下可贮存一个月。

新生霉素溶液：新生霉素 25.0mg，蒸馏水 1000mL。将新生霉素溶解于蒸馏水中，用 0.22μm 过滤膜除菌，如不立即使用，在 2～8℃条件下可贮存一个月。

临用时每 225mL 志贺菌增菌肉汤加入 5mL 新生霉素溶液，混匀。

42. 麦康凯（MAC）琼脂

蛋白胨 20.0g，乳糖 10.0g，3 号胆盐 1.5g，氯化钠 5.0g，中性红 0.03g，结晶紫 0.001g，琼脂 15.0g，蒸馏水 1000mL。将以上成分混合加热溶解，冷却至 25℃ 左右校正 pH 至 7.2±0.2，分装，121℃高压灭菌 15min。冷却至 45～50℃，倾注平板。

> 注：如不立即使用，在 2～8℃ 条件下可贮存两周。

43. 葡萄糖铵培养基

氯化钠 5.0g，七水硫酸镁 0.2g，磷酸二氢铵 1.0g，磷酸氢二钾 1.0g，葡萄糖 2.0g，琼脂 20.0g，0.2%溴麝香草酚蓝水溶液 40.0mL，蒸馏水 1000mL。先将盐类和糖溶解于水中，校正 pH 至 6.8±0.2，再加琼脂加热溶解，然后加入指示剂。混合均匀后分装试管，121℃高压灭菌 15min。制成斜面备用。

用接种针轻轻触及培养物的表面，在盐水管内做成极稀的悬液，肉眼观察不到混浊，以每一接种环内含菌数在 20～100 个之间为宜。将接种环灭菌后挑取菌液接种，同时再以同法接种普通斜面一支作为对照。于 36℃±1℃ 培养 24h。阳性者葡萄糖铵斜面上有正常大小的菌落生长；阴性者不生长，但在对照培养基上生长良好。如在葡萄糖铵斜面生长极微小的菌落可视为阴性结果。

> 注：容器使用前应用清洁液浸泡。再用清水、蒸馏水冲洗干净，并用新棉花做成棉塞，干热灭菌后使用。如果操作时不注意，有杂质污染时，易造成假阳性的结果。

44. 溴甲酚紫葡萄糖肉汤

蛋白胨 10.0g，牛肉浸膏 3.0g，葡萄糖 10.0g，氯化钠 5.0g，溴甲酚紫 0.04g（或 1.6%酒精溶液 2.0mL），蒸馏水 1000mL。

将上述各成分（溴甲酚紫除外）加热搅拌溶解，校正 pH 至 7.0±0.2，加入溴甲酚紫，分装于带有小倒管的中号试管中，每管 10mL，121℃高压灭菌 10min。

45. 庖肉培养基

牛肉浸液 1000mL，蛋白胨 30.0g，酵母膏 5.0g，葡萄糖 3.0g，磷酸二氢钠 5.0g，可溶性淀粉 2.0g，碎肉渣适量。

（1）称取新鲜除脂肪和筋膜的碎牛肉 500g，加蒸馏水 1000mL 和 1mol/L 氢氧化钠溶 25.0mL，搅拌煮沸 15min，充分冷却，除去表层脂肪，澄清，过滤，加水补足至 1000mL。加入除碎肉渣外的各种成分，校正 pH 至 7.8±0.2。

（2）碎肉渣经水洗后晾至半干，分装 15mm×150mm 试管约 2～3cm 高，每管加入还原铁粉 0.1～0.2g 或铁屑少许。将上述液体培养基分装至每管内超过肉渣表面约 1cm。上面覆盖熔化的凡士林或液体石蜡 0.3～0.4cm。121℃灭菌 15min。

46. 酸性肉汤

多价蛋白胨 5.0g，酵母浸膏 5.0g，葡萄糖 5.0g，磷酸二氢钾 5.0g，蒸馏水 1000mL。

将以上各成分加热搅拌溶解，校正 pH 至 5.0±0.2，121℃高压灭菌 15min。

47. 麦芽浸膏汤

麦芽浸膏 15.0g，蒸馏水 1000mL。将麦芽浸膏在蒸馏水中充分溶解，滤纸过滤，校正 pH 至 4.7±0.2，分装，121℃灭菌 15min。

48. 锰盐营养琼脂

每 1000mL 营养琼脂加入硫酸锰水溶液 1mL（100mL 蒸馏水溶解 3.08g 硫酸锰）。观察芽孢形成情况，最长不超过 10d。

49. 甘露醇卵黄多黏菌素琼脂培养基（MYP）

蛋白胨 10.0g，甘露醇 10.0g，牛肉粉 1.0g，氯化钠 10.0g，酚红 0.025g，琼脂 15.0g，pH 值 7.2±0.1。121℃高压灭菌 15min，待培养基冷却至 50℃时，每 100mL 加入 50%卵黄乳液 5mL 及多黏菌素 B 10000U，摇匀，倾入无菌平皿。

50. 肉浸液肉汤培养基

牛肉粉 3.0g，氯化钠 5.0g，蛋白胨 12.0g，磷酸氢二钾 2.0g，蒸馏水 1000mL，pH 值 7.5±0.1。121℃高压灭菌 15min。

51. 酪蛋白琼脂培养基

酪蛋白 10.0g，牛肉浸粉 3.0g，氯化钠 5.0g，磷酸氢二钾 2.0g，琼脂 15.0g，溴百里香酚兰 0.05g，蒸馏水 1000mL，pH 值 7.4±0.1。121℃高压灭菌 20min。

52. 动力-硝酸盐培养基

蛋白胨 5.0g，牛肉浸粉 3.0g，硝酸钾 5.0g，磷酸氢二钾 2.5g，半乳糖 5.0g，琼脂 4.0g，蒸馏水 1000mL，pH 值 7.4。121℃高压灭菌 15min。

53. 木糖-明胶培养基

胰胨 10g，酵母膏 10g，木糖 10g，磷酸氢二钠 5g，明胶 120g，蒸馏水 1000mL，0.2%酚红溶液 25mL，pH7.6。

将除酚红以外的各成分混合，加热溶解，校正 pH。加入酚红溶液，分装试管，121℃高压灭菌 15min，迅速冷却。

54. 脱脂乳培养基

将适量的牛奶加热煮沸 20~30min，过夜冷却，脂肪即可上浮。除去上层乳脂即得脱脂乳。将脱脂乳盛在试管及锥形瓶中，封口后置于灭菌锅中在 108℃条件下蒸汽灭菌 10~15min，即得脱脂乳培养基。

55. 甲萘胺-醋酸溶液、对氨基苯磺-醋酸溶液（硝酸盐培养基）

硝酸盐 0.2g，蛋白胨 5.0g，蒸馏水 1000mL，pH7.4。溶解，校正 pH，分装试管，每管约 5mL，121℃高压灭菌 15min。

硝酸盐还原试剂：

（1）甲萘胺-醋酸溶液　将甲萘胺 0.5g 溶解于 5mol/L 乙酸溶液 100mL 中。

（2）对氨基苯磺-醋酸溶液　将对氨基苯磺酸 0.8g 溶解于 5mol/L 乙酸溶液 100mL 中。

56. 卵黄琼脂培养基

基础培养基为肉浸液 1000mL，蛋白胨 15.0g，氯化钠 5.0g，琼脂 25.0~30.0g，pH7.5。

基础培养基分装每瓶 100mL。121℃高压灭菌 15min。临用时加热熔化，冷至 50℃，每瓶内加 50%葡萄糖水溶液 2mL 和 50%卵黄盐水悬液 10~15mL，摇匀，倾注平板。

57. 完全培养基（CM）

蛋白胨 10.0g，葡萄糖 10.0g，酵母粉 5.0g，牛肉膏 5.0g，NaCl 5.0g，蒸馏水 1000mL，pH7.2。121℃灭菌 20min。如需配制固体完全培养基时，则需在上述液体培养基中加入 2%琼脂。

58. 基本培养基（MM）

葡萄糖 5.0g，硫酸铵 2.0g，柠檬酸钠 1.0g，三水磷酸氢二钾 14.0g，磷酸二氢钾

6.0g，七水硫酸镁 0.2g，蒸馏水 1000mL，纯化琼脂 20.0g，pH7.0。121℃灭菌 20min。

59. 高渗再生培养基（CMR）

蛋白胨 10.0g，葡萄糖 5.0g，酵母粉 5.0g，牛肉膏 5.0g，NaCl 5.0g，蔗糖 5mol/L，氯化镁 200mmol/L，纯化琼脂 20g，pH7.0。121℃灭菌 20min。

如配上层固体培养基，需在上述液体培养基中加入 0.6% 琼脂；如需配底层固体培养基，则需加入 2% 琼脂。

60. 补充基本培养基（SM）

在基本培养基中加入 20μg/mL 腺嘌呤及 2% 纯化琼脂。115℃灭菌 20min。

61. 再生补充基本培养基（SMR）

在补充基本培养基中加入 0.5mol/L 蔗糖及 2% 纯化琼脂。115℃灭菌 20min。

62. 酪蛋白培养基（测蛋白酶活性用）

十二水磷酸氢二钠 1.3g，磷酸二氢钾 0.36g，氯化钠 0.1g，七水硫酸锌 0.02g，二水氯化钙 0.002g，酪素 4.0g，酪素水解氨基酸 0.05g，琼脂 15～20g，蒸馏水 1000mL，pH7.2。121℃灭菌 20min。

63. 豆芽汁葡萄糖培养基

黄豆芽 100g，琼脂 15g，葡萄糖 20g，水 1000mL。

洗净黄豆芽，加水煮沸 30min。用纱布过滤，滤液中加入琼脂，加热溶解后放入糖，搅拌使它溶解，补足水到 1000mL，分装，灭菌，备用。

64. 乳酸菌培养基（测噬菌斑用）

葡萄糖 30.0g，蛋白胨 5.0g，酵母膏 5.0g，硫酸镁 0.5g，氯化铵 0.1g，磷酸二氢钾 0.5g，水 1000.0mL，pH5.5～6.0。121℃灭菌 30min。

检测噬菌斑作底层平板时加 2% 琼脂，上层平板时用 1% 琼脂。接种前均加入 2.5% 灭菌 $CaCO_3$，混匀成平板。

65. 葡萄糖蛋白胨水培养基（MR 试验及 V-P 试验用）

蛋白胨 7.0g，葡萄糖 5.0g，K_2HPO_4（或 NaCl）5g，水 1000mL，pH7.0～7.2，每管分装 4～5mL，115℃灭菌 30min。

66. 柠檬酸酸铁铵高层培养基（硫化氢试验用）

蛋白胨 20g，NaCl 5g，牛肉膏 10g，半胱氨酸 0.5g，柠檬酸酸铁铵 0.5g，硫代硫酸钠 0.5g，琼脂 20g，蒸馏水 1000mL，pH7.2，121℃灭菌 15min。注灭菌后取出冷却成圆柱体。

附录二 常用染色液及试剂的配制

1. 齐氏石炭酸复红染色液

A液：碱性复红 0.3g，酒精（95％）10.0mL，用玛瑙研钵研磨配制。

B液：酚（石炭酸）5.0g，蒸馏水 95.0mL。

混合 A、B 二液即成。通常可将上制原液稀释 5～10 倍使用。稀释液易变质失效，一次不宜多配。

2. 草酸铵结晶紫染液

A液：结晶紫（含染料 90％以上）2.0g，95％乙醇 20mL。

B液：草酸铵 0.8g，蒸馏水 80mL。

将 A、B 二液充分溶解后混合，静置 24h，过滤使用。

3. 路氏碘液

碘 1g，碘化钾 2g，蒸馏水 300mL。

配制时，先将碘化钾溶于 5～10mL 水中，再加入 1g 碘，使其溶解后，加水至 300mL。

4. 番红染液

2.5％番红的乙醇溶液 10mL，蒸馏水 100mL，混合过滤。

5. 孔雀绿饱和水溶液

孔雀绿 7.6g，蒸馏水 100mL。此为孔雀绿饱和水溶液。配制时尽量溶解，过滤使用。

6. 荚膜染色液

（1）黑色素水溶液 黑色素 5g，蒸馏水 100mL，福尔马林（40％甲醛）0.5mL。将黑色素在蒸馏水中煮沸 5min，然后加入福尔马林作防腐剂。

（2）水醋酸结晶紫液 结晶紫 0.1g，冰醋酸 0.25g，蒸馏水 100mL。

7. 鞭毛染色液

硝酸银染色液 A液：丹宁酸 5.0g，氯化铁 1.5g，15％福尔马林 2.0mL，1％氢氧化钠 1.0mL，蒸馏水 100mL。B液：硝酸银 2g，蒸馏水 100mL。

配制方法：硝酸银溶解后取 10mL 备用，向 90mL 硝酸银溶液中滴加浓氢氧化铵溶液，形成浓厚的沉淀，再继续滴加氢氧化铵到刚溶解沉淀成为澄清溶液为止。再将备用的硝酸银慢慢滴入。出现薄雾。轻轻摇动后，薄雾状沉淀消失，再滴加硝酸银溶液，直到摇动后，仍呈现轻微而稳定的薄雾状沉淀为止。雾重、银盐沉淀，不宜使用。

8. 1％美蓝染液

1g 美蓝与 95％乙醇 100mL 混合，过滤。使用 0.01％的美蓝染液时，可用水稀释即可。

9. 乳酸石炭酸棉蓝染色液

石炭酸 10g，乳酸（相对密度 1.21）10mL，甘油 20mL，蒸馏水 10mL，棉蓝 0.02g。将石炭酸在蒸馏水中加热溶解，然后加入乳酸和甘油，最后加入棉蓝，使其溶解即成。

10. 奶油稀释液

林格液（配法：氯化钠 9g，氯化钾 0.12g，氯化钙 0.24g，碳酸氢钠 0.2g，蒸馏水 100mL）250mL，蒸馏水 750mL，琼脂 1g，加热溶解，分装每瓶 225mL，121℃灭菌 15min。

11. 磷酸盐缓冲液

磷酸二氢钾 34.0g，蒸馏水 500mL，pH7.2。

贮存液：称取 34.0g 的磷酸二氢钾溶于 500mL 蒸馏水中，用大约 175mL 的 1mol/L 氢氧化钠溶液调节 pH，用蒸馏水稀释至 1000mL 后贮存于冰箱。

稀释液：取贮存液 1.25mL，用蒸馏水稀释至 1000mL，分装于适宜容器中，121℃高压灭菌 15min。

12. pH7.2 磷酸盐缓冲液

称取二水磷酸二氢钠 31.2g，定容至 1000mL，即成 0.2mol 溶液（A 液）。称取十二水磷酸氢二钠 71.63g，定容至 1000mL，即成 0.2mol 溶液（B 液）。取 A 液 28mL 和 B 液 72mL，再用蒸馏水稀释 1 倍，即成 0.1mol pH7.2 的磷酸盐缓冲液。

13. 无菌生理盐水

氯化钠 8.5g，蒸馏水 1000mL。121℃高压灭菌 15min。

14. 0.1mol/L 乙酸-乙酸钠缓冲溶液（pH4.6）

0.1mol/L 乙酸-乙酸钠缓冲溶液（pH4.6）：称取 6.7g 三水乙酸钠，吸取冰乙酸 2.6mL，用蒸馏水溶解定容至 1000mL，上述缓冲溶液应以酸度计校正 pH 值。

15. 2% 可溶性淀粉溶液

准确称取绝干计的可溶性淀粉 2g（准确至 0.001g），于 50mL 烧杯中，用少量水调匀后，倒入盛有 70mL 沸水的烧杯中，并用 20mL 水分次洗涤小烧杯，洗液合并其中，用微火煮沸到透明，冷却后用水定容至 100mL，当天配制使用。

16. 斐林试剂

将 36.4g 五水硫酸铜溶于 200mL 水中，用 0.5mL 浓硫酸酸化，再用水稀释到 500mL 待用；取 173g 四水酒石酸钾钠、71g 氢氧化钠固体溶于 400mL 水中，再稀释到 500mL，使用时取等体积两溶液混合。

17. 福林试剂（Folin 试剂）

于 2000mL 磨口回流装置内，加入钨酸钠 100g、钼酸钠 25g、蒸馏水 700mL、85% 磷酸 50mL、浓盐酸 100mL，文火回流 10h。取掉冷凝器，加入硫酸锂 50g、蒸馏水 50mL，混匀，加入几滴液体溴，再煮沸 15min，以驱逐残溴及除去颜色，溶液应呈黄色而非绿色。若溶液仍有绿色，需要再加几滴溴液，再煮沸除去之。冷却后，定容至 1000mL，用细菌漏斗（No.4～5）过滤，置于棕色瓶中保存。此溶液使用时加 2 倍蒸馏水稀释。即成已稀释的福林试剂。

18. 0.4mol/L 碳酸钠溶液

称取无水碳酸钠 42.4g，定容至 1000mL。

19. 0.4mol/L 三氯乙酸（TCA）溶液

称取三氯乙酸 65.4g，定容至 1000mL。

20. 2% 酪蛋白溶液

准确称取干酪素 2g，称准至 0.002g，加入 0.1mol/L 氢氧化钠 10mL，在水浴中加热使溶解（必要时小火加热煮沸），然后用 pH7.2 磷酸盐缓冲液定容至 100mL 即成。配制后应及时使用或放入冰箱内保存，否则极易繁殖细菌引起变质。

21. 100μg/mL 酪氨酸溶液

精确称取在 105℃烘箱中烘至恒重的酪氨酸 0.1000g，逐步加入 6mL 1mol/L 盐酸使溶解，用 0.2mol/L 盐酸定容至 100mL，其浓度为 1000μg/mL，再吸取此液 10mL，以

0.2mol/L 盐酸定容至 100mL，即配成 $100\mu g/mL$ 的酪氨酸溶液。此溶液配成后应及时使用或放入冰箱内保存，以免繁殖细菌而变质。

22. 溶菌酶溶液（10mg/mL）

称取溶菌酶 10mg 溶解于 1mL10mmol/L Tris-HCl（pH8.0）溶液中。临用前配制。

23. 1%SDS-0.1mol/L NaCl-0.1mol/L Tris-HCl（pH9.0）溶液

0.1mol/L Tris-HCl（pH9.0）、0.1mol/L NaCl、1%SDS，用时将三者混合后，用浓盐酸调节至 pH7.0。

24. 20×SSC（标准柠檬酸盐）溶液

用 800mL 蒸馏水溶解 175.3g 氯化钠和 88.2g 柠檬酸钠，用浓 HCl 调节至 pH7.0，用蒸馏水定容至 1L，分装后，121℃高压蒸汽灭菌 20min。

25. TE 缓冲液（pH8.0）

100mmol/L Tris-HCl（pH8.0），10mmol/L 乙二胺四乙酸（pH8.0）。分装后，121℃高压蒸汽灭菌 20min，室温保存。备用。

26. 4% 2,3,5-氯化三苯四氮唑（TTC）水溶液

称取 1g TTC，溶于 5mL 灭菌蒸馏水中，装褐色瓶内于 7℃冰箱保存，临用时用灭菌蒸馏水稀释 5 倍。如遇溶液变为玉色或者淡褐色，则不能再用。

27. 原生质体稳定液（SMM）

0.5mol/L 蔗糖，20mol/L 氯化镁，0.02mol/L 顺丁烯二酸，pH6.5。

28. 促融合剂

40%聚乙二醇（PEG-4000）的 SMM 溶液。

29. 溶菌酶液

酶粉酶活为 4000U/g，用 SMM 溶液配制，终浓度为 2mg/mL，过滤除菌备用。

30. 0.1mol/L 磷酸缓冲液（pH6.0、pH7.0）

（1）A 液：K_2HPO_4 相对分子质量＝174.18，0.1mol/L 溶液为 17.4g/L，称取 17.4g 磷酸氢二钾，溶解于蒸馏水中，定容至 1000mL。

（2）B 液：KH_2PO_4 相对分子质量＝136.09，0.1mol/L 溶液为 13.6g/L，称取 13.6g 磷酸二氢钾，溶解于蒸馏水中，定容至 1000mL。

pH6.0：A 液 1mL＋B 液 9mL；pH7.0：A 液 6mL＋B 液 4mL。

31. 高渗缓冲液

于 0.1mol/L pH6.0 磷酸缓冲液中加入 0.8mol/L 甘露醇。

32. 5%α-萘酚酒精溶液

称取 5g α-萘酚溶于 100mL 无水乙醇中，于棕色瓶中暗处保存。注意，该液易氧化，只能随配随用。使用时加 40%氢氧化钾液即成 V-P 试剂。

33. 酸性酒精

酒精（95%）97.0mL，浓盐酸 3.0mL。

34. 甲基红试剂

甲基红 0.04g，酒精（95%）60mL，水 40mL，先将甲基红溶于酒精后再加水。

35. 6% α-萘酚酒精溶液

称取 5g α-萘酚溶于 100mL 无水乙醇中，与棕色瓶中暗处保存。注意，该液易氧化，随配随用。使用时加 40%氢氧化钾即成 V-P 试剂。

参 考 文 献

［1］ 全桂静，雷晓燕，李辉编. 微生物学实验指导. 北京：化学工业出版社，2010.

［2］ 刘慧主编. 现代食品微生物学实验技术. 北京：中国轻工业出版社，2006.

［3］ 李平兰，贺稚非主编. 食品微生物学实验原理与技术. 北京：中国农业出版社，2005.

［4］ 李玉林，任平国主编. 生物技术综合实验. 北京：化学工业出版社，2009.

［5］ 吴根福主编. 发酵工程实验指导. 北京：高等教育出版社，2006.

［6］ 贾世儒主编. 生物工程专业实验. 北京：中国轻工业出版社，2009.

［7］ 管斌主编. 发酵实验技术与方案. 北京：化学工业出版社，2010.

［8］ 西南农业大学编. 酿造调味品. 北京：农业出版社，1985.

［9］ 上海市粮油工业果实技校和上海市酿造科学研究所编著. 发酵调味品生产技术. 北京：轻工业出版社，1987.

［10］ 景泉，洪森，海波编. 酒曲生产实用技术. 北京：中国食品出版社，1988.

［11］ 中华人民共和国国家标准，食品卫生检验方法微生物学部分. 北京：中华人民共和国卫生部.